无人机专业创新型人才培养规划教材·高等职业教育

无人机装配与调试技术

远洋航空教材编写委员会　编

U0245577

北京航空航天大学出版社

内 容 简 介

无人机是以军事应用为初衷、依托无线电控制、聚焦低空飞行领域的无人飞行器。人工智能技术的不断成熟与信息网络化的应用为无人机的发展增添了技术支持。目前在我国,无人机不仅是一个新兴的技术领域,更是经济发展、军事探测、环境保护、航空摄影等多领域与智慧城市、数字中国等多主题相配合的物质载体。

本书以项目式教程的形式,展开对无人机装配技术的介绍,共 6 个项目,包括无人机装配技术概要、多旋翼无人机装配与调试、多旋翼无人机任务系统装配与调试、固定翼教学训练机装配与调试、航测无人机装配与调试、无人直升机装配与调试。

本书可作为高等职业院校和中等职业院校无人机应用技术及相关专业的教学用书,也可作为无人机爱好者和培训机构的参考用书。

图书在版编目(CIP)数据

无人机装配与调试技术 / 远洋航空教材编写委员会编. -- 北京 : 北京航空航天大学出版社,2019.9
ISBN 978 - 7 - 5124 - 3106 - 5

Ⅰ. ①无… Ⅱ. ①远… Ⅲ. ①无人驾驶飞机－装配(机械)－教材②无人驾驶飞机－调试方法－教材 Ⅳ. ①V279

中国版本图书馆 CIP 数据核字(2019)第 188313 号

无人机装配与调试技术
远洋航空教材编写委员会　编
责任编辑　蔡　喆　周世婷
*
北京航空航天大学出版社出版发行
北京市海淀区学院路 37 号(邮编 100191)　http://www.buaapress.com.cn
发行部电话:(010)82317024　传真:(010)82328026
读者信箱:goodtextbook@126.com　邮购电话:(010)82316936
北京宏伟双华印刷有限公司印装　各地书店经销
*
开本:787×1 092　1/16　印张:11.25　字数:288 千字
2019 年 10 月第 1 版　2024 年 8 月第 5 次印刷　印数:8001 ～ 9000 册
ISBN 978 - 7 - 5124 - 3106 - 5　定价:42.00 元

前　　言

　　为了适应我国无人机装配技能型紧缺人才培养的需要,满足高等职业院校以就业为导向的办学目标和要求,同时也为了配合学校开展理实一体化教学的需要,本书作者团队在无人机专业课程模块化教学改革的基础上,结合中国职业技术教育学会关于无人机应用技术专业实证研究相关课题的研究,根据无人机专业教学大纲及国家职业能力标准的要求,编写了本套无人机应用技术专业相关课程的教材,《无人机装配与调试技术》为其中的一本。另外,本书借助"远洋云课堂"教学平台,提供了海量立体化教学素材,主要通过二维码的形式展现,其中部分素材引用于网络,并标有来源,若有漏标之处,请与远洋航空教材编写委员会联系(邮箱:ffzh_jy@126.com)。

　　本教材总结了全国职业技术学校专业教学经验,注重以学生就业为导向,以培养能力为本位,教材内容符合无人机应用技术专业教学改革精神,适应无人机装配对技能型人才的要求,具有以下特点:

　　① 在内容的编排上紧密围绕无人机应用技术专业教学大纲及国家职业能力考核要求,便于学生毕业后快速适应岗位技能要求。

　　② 注重实用性,保证科学性,体现先进性;始终围绕"项目引领、任务驱动"的模式,体现"做中学、学中做"这一教学理念;理论知识部分本着够用的原则,重点突出对技能的培养,对每个任务的操作内容、方法、步骤进行了规范、具体的介绍。

　　③ 注重每个任务的完整性,从任务的引导、知识的储备到实训操作的过程,再到任务的检验,结构合理,层次分明。

　　④ 文字简洁,通俗易懂,以图代文、图文并茂,形象直观,有助于激发学生的兴趣,提高学习效果。

　　本教材根据每个项目内容的多少,细分为若干个任务,每个任务又都大体分为以下几部分:一是任务导入,主要介绍为什么要完成该任务及本次任务的主要内容;二是任务分析,主要分析任务的要求和任务的实施办法,以便于使用者参考和借鉴;三是任务实施,分为知识准备和实训操作两个阶段;最后是项目的核验,通过填写项目核验单对学生完成该项目的程度进行检验,并对整个项目完成效果进行评价和反馈。

　　目前无人机产业有着广阔的市场前景,需要有更多的人才支撑该产业的发展。因此,对无人机人才的培养成为了推动无人机产业持续发展的重要环节之一。在全书编写过程中,编者力求能够在知识领域深入浅出,在内容方面覆盖全面。读者按照全书编排顺序完成学习后基本上能够掌握多旋翼无人机、固定翼无人机和无人直升机的装配及调试技术以及机载任务设备的装配及调试的相关知识内容以及装配注意事项,能够为以后从事无人机相关工作奠定一定的理论和实践基础。

本书是编写委员会成员所在的教学科研团队在结合国内外相关文献的基础上,无人机领域多年教学与科研实践工作的一个总结。本书主要编写分工如下:项目1、项目6由张童编写,项目2、项目3由王旭编写,项目4、项目5由丁安琪编写。感谢远洋航空为了推动中国民用无人机产业、教育、服务的快速发展,精心组织编写委员会中的成员参与本书的编写工作;感谢各位委员和专家百忙之中抽出时间,为本书提出指导意见并提供相关素材;感谢在本书编写过程中,给我们提供帮助的所有朋友。

由于编者水平有限,书中如有不妥之处恳请同行专家和广大读者批评指正。

编 者

2019 年 7 月

目　　录

项目 1　无人机装配技术概要

【项目描述】

本项目主要介绍了 3 种无人机机型的结构和各部分功能、简要的装配流程、装配的方法和步骤以及无人机的调试等内容。所有的产品都是由若干个零件和部件组成的,按照规定的技术要求,将若干个零件组合成一个整体部件或将若干个零件和部件接合成产品的劳动过程称为装配,前者称为部件装配,后者称为总装配。

【项目要求】

① 掌握各类型无人机的基本结构及功能。
② 掌握各类型无人机的装配流程。
③ 了解装配的概念。
④ 了解无人机装配需要的工具。
⑤ 了解无人机装配工具的使用方法。
⑥ 了解无人机装配的意义。

任务 1.1　整体结构认知

一、任务导入

在学习无人机的装配与调试之前,我们要对多旋翼无人机、固定翼无人机以及单旋翼无人机的整体结构进行分析。后续的相关章节会对以上 3 种机型进行详细介绍,所以本任务仅对以上三种机型进行简单讲解。

二、任务分析

1. 任务要求

① 了解多旋翼无人机的结构。
② 了解固定翼无人机的结构。
③ 了解单旋翼无人机的结构。

2. 实施方法

本任务以理论教学为主,其组织形式与教学方法如下:

组织形式:以班级为单位进行双师云课堂或线下授课。

教学方法:采用多媒体教学,结合实物、挂图进行理论讲授。

三、任务实施

引导问题 1：多旋翼无人机的基本结构及装配流程是怎么样的？

多旋翼无人机一般由机架、动力装置以及飞控系统组成，如图 1-1 所示。

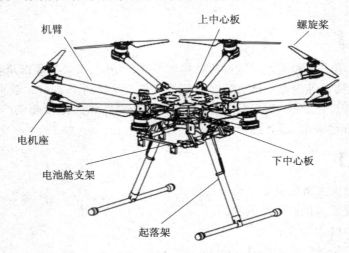

图 1-1　多旋翼无人机的基本结构

① 多旋翼无人机的机架主要由机臂、中心板和起落架组成，而某些无人机的机架也采用一体化设计。多旋翼无人机的机架一般都选择高强度轻质的材料制造，例如：玻璃纤维、尼龙材质、改性塑料、PP 材质等。多旋翼无人机的所有设备都是通过机架连接的，所以机架的主要作用是承载其他构件的安装。

② 多旋翼无人机的动力装置一般分为两种——电动和油动。电动多旋翼无人机是目前最主流的机型，其动力装置主要由电池、电调、电动机以及螺旋桨组成。无人机主要在露天环境下作业，因此对电调、电机的稳定性要求较高。动力装置的主要作用是为无人机提供飞行动力。

③ 多旋翼无人机的飞控系统是无人机的控制系统，无论是无人机自动保持飞行状态还是人为操作飞行，都需要通过飞控系统进行调节。飞控系统是无人机的核心装置，主要由陀螺仪、GPS、加速度计、气压计、角速度计、指南针和控制链路组成，其主要作用是计算并实时调整无人机飞行的姿态和位置，控制无人机自主或半自主飞行。

多旋翼无人机的装配流程如图 1-2 所示（装配顺序可适当调整）。

引导问题 2：固定翼无人机的基本结构及组装流程是怎么样的？

固定翼无人机一般由机身、机翼、尾翼、动力装置和起落装置组成，如图 1-3 所示。

① 固定翼无人机的机身将机翼、尾翼和起落架等连接成一个整体。机身主要由蒙皮、纵向骨架和横向骨架组成，主要作用是装载燃料和设备。

② 固定翼无人机的机翼结构主要由蒙皮、翼梁、桁条和翼肋组成，主要作用是产生飞行所需要的升力。

③ 固定翼无人机的尾翼是安装在飞机尾部的一种装置，主要由水平尾翼和垂直尾翼组成，主要作用是控制无人机的俯仰、偏航和倾斜以及改变飞机姿态。

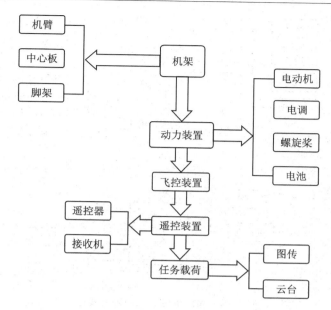

图 1-2　多旋翼无人机装配流程

④ 固定翼无人机的动力装置主要分油动和电动两种。油动动力装置主要由发动机、螺旋桨、舵机和辅助系统组成;电动动力装置主要由电池、电调、电机和螺旋桨组成。固定翼无人机的动力装置的主要作用是产生推力或拉力,使无人机产生相对空气的运动。

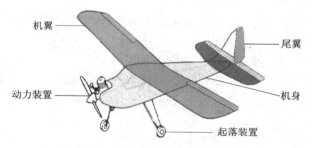

图 1-3　固定翼无人机的基本结构

⑤ 固定翼无人机的起落装置是用于起飞、着陆以及支持飞机的装置,主要分为前三点式和后三点式等,主要作用是控制地面滑行方向。

固定翼无人机的装配流程如图 1-4 所示(装配顺序可适当调整)。

引导问题 3:单旋翼无人机的基本结构及组装流程是怎么样的?

单旋翼无人机也就是我们常说的无人直升机,主要由机身、主旋翼、尾桨、操作系统、传动系统、电动机和起落架等组成,如图 1-5 所示。

① 单旋翼无人机机身与固定翼无人机机身类似,主要作用是装载设备,同时将单旋翼无人机的各部分连接成一个整体。无人直升机的机身是直接承受和产生空气动力的部件,同时具有承载和传力的作用。

② 单旋翼无人机的主旋翼主要由桨毂和桨叶构成,主要作用是产生升力、拉力,同时还起到类似于固定翼无人机的副翼、升降舵的作用。

③ 单旋翼无人机的尾桨一般安装在尾梁后部,与主旋翼结构类似,主要作用是平衡主旋翼带来的反扭矩,实现对单旋翼无人机的航向控制、对航向起稳定作用以及提供一部分升力。

④ 单旋翼无人机的操作系统主要由自动倾斜器和操纵线组成,主要作用是控制单旋翼无人机的飞行。

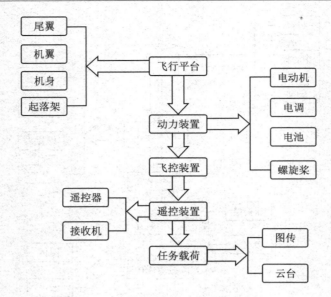

图 1-4　固定翼无人机的装配流程

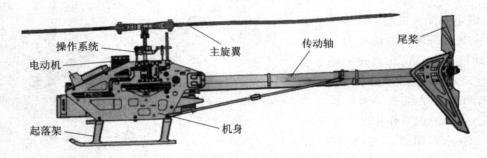

图 1-5　单旋翼无人机结构组成

⑤ 单旋翼无人机的传动系统主要由主减速器、传动轴、尾减速器以及中间减速器组成，主要作用是将发电机的动力传递给主旋翼和尾桨。

单旋翼无人机的装配流程如图 1-6 所示（装配顺序可适当调整）。

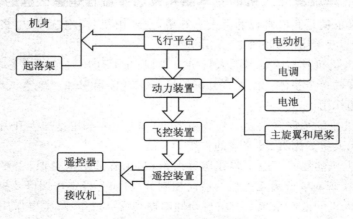

图 1-6　单旋翼无人机装配流程

任务 1.2　装配与调试的认知

一、任务导入

"装"即组装、联结,"配"即仔细修配、精心调整。装配是指将零件按规定的技术要求组装起来使之成为半成品或成品的工艺过程。装配是无人机装配与调试的第一个阶段,也是保证产品质量的关键阶段。

二、任务分析

1. 任务要求

① 了解装配方法有哪些。
② 了解部件装配法的优点。
③ 了解装配工艺的原则。

2. 实施方法

本任务以理论教学为主,其组织形式与教学方法如下:

组织形式:以班级为单位进行双师云课堂或线下授课。

教学方法:采用多媒体教学,结合实物、挂图进行理论讲授。

三、任务实施

引导问题 1：什么是装配精度?

装配精度是指装配工艺的质量指标,其不仅影响机器或部件的工作性能,也会影响使用寿命。

(1) 装配精度

装配精度包括:

① 零部件间的位置尺寸精度(零部件之间的距离精度)。

② 零部件间位置精度(平行度、垂直度、同轴度等)。

③ 零部件间的配合精度(配合面间达到规定的间隙或过盈要求)。

④ 零部件间的接触精度(配合表面、接触表面和连接表面达到规定的接触面积大小和接触点分布的情况)。

(2) 装配方法

将一个零件划分成若干个部件,再将若干部件在各自专门的工作台上把若干个零件装配而成,这些工艺部件的装配工作可以独立地、平行地进行,最后再将这些工艺部件组装成制品,这样的装配方法,称为部件装配法。相反地,把制品的所有零件集中在一个工作台上装配成制品的方法,称为零件装配法。

(3) 装配的基本要求

装配的基本要求如下:

① 装配时,首先应检查零件有无变形、损坏等,零件与装配有关的形状和尺寸精度是否合格,并在零件上做好标记,防止装错。

② 固定的零部件,不允许有间隙;活动的零件,要求能在正常的间隙下,灵活均匀地按规定方向运动,不应该出现跳动现象。

③ 各运动部件(或零件)的接触表面,必须保证足够的润滑,若有油路,必须畅通。

④ 各种管道和密封部位,装配后不得有渗漏现象。

引导问题 2:装配的步骤是怎么样的?

① 研究和熟悉产品装配图及有关的技术资料,了解产品的结构、各零件的作用、相互关系以及连接方法;

② 确定装配方法;

③ 划分装配单元,确定装配顺序;

④ 选择装配需要的工具、量具和辅具等;

⑤ 采取安全措施。

引导问题 3:装配的原则是什么?

① 装配前,要预先对零部件进行清洗、防锈、防腐、干燥处理和防磕碰处理;

② 先基础重大件,后其他轻量件;

③ 先复杂、精密件,后简单、一般件;

④ 有冲击的、需加压加热的先装;

⑤ 易燃、易爆、易碎、有毒的后装;

⑥ 前道装配工序应不影响后面装配进行,后面的工序应不损坏前面工序的质量。

总结:选装配基准,先上后下,先内后外,先难后易,先重后轻,先精密后一般。

引导问题 4:常用的两种装配形式是什么?

1. 螺纹连接装配

装配的核心工作包括可拆连接和不可拆连接两种。螺纹连接是一种可拆的固定连接,它具有结构简单、连接可靠、拆卸方便等优点,因而在机械中应用极为普遍。

(1)螺纹连接装配的技术要求

一是保证有一定的拧紧力矩;二是有可靠的放松装置。

(2)螺纹连接的装配工艺

① 双头螺栓装配后必须保证与机体螺孔配合有足够的紧固性。

② 螺钉、螺栓、螺母装配后的端面必须与零件的平面紧密贴合,保证连接牢固可靠。

一般螺栓连接是采用紧固连接。螺栓紧固的目的是增强连接的刚性、紧密性和防松能力,提高受拉螺栓的疲劳强度,增大连接中受剪螺栓的摩擦力,从而提高传递载荷的能力。

准备紧固螺栓装配前,应检查螺栓孔是否干净,有无毛刺,检查被连接件与螺栓、螺母接触的平面是否与螺栓孔垂直;同时,还应检查螺栓与螺母配合的松紧程度。

2. 轴承装配

注意:轴承是经过防锈处理后包装的,不到临安装前请不要打开包装。

轴承上涂的防锈油具有良好的润滑性能,对于一般用途的轴承或充填润滑脂的轴承,可不必清洗直接使用。但对于仪表用轴承或用于高速旋转的轴承,使用前应用清洁的清洗油将防锈油洗去,这时轴承容易生锈,不可长时间放置。

引导问题 5：无人机调试的内容是什么？

无人机装配技术主要分为无人机装配和无人机调试两大部分。对于一个多系统功能集合的无人机系统，组装是实现各个子系统协调统一工作的必要步骤。在组装完之后，还需要进行长时间的系统调试。组装和调试都是必不可少的。

无人机调试主要分为地面调试和飞行调试两大部分。地面调试主要是在各个环节确保飞行的安全，确保飞机以最佳的状态起飞、执行任务；飞行调试主要是对飞行过程中出现的问题进行调整。

（1）地面调试

地面调试是对飞行器在地面的调整。在完成任务载荷的装载之后，首先要进行飞行的重心调整，这对没有自动驾驶仪的飞行器来说非常重要。在通电之后，还要对飞行器的舵面、油门、任务载荷系统等进行调试。

（2）飞行调试

飞行调试是对飞行器起飞后所进行的调整，飞行调试是对飞行器在实际飞行状态下的检验。进行飞行调试之前，首先要明确此次飞行调试的目的。飞行调试前，先把飞行调试场地、飞行器进场时间以及调试人员的培训等确定好。开机之后要检查飞行器自检（IMU、电池、云台等）是否正常，GPS 信号灯是否正常；遥控器是否设置正常等。试飞时，先把飞行器起飞到 3～5 m，观察飞行器悬停、舵面、航向、油门等是否正常，遥控器的各项操作是否正常等。

任务 1.3　无人机装配工具和材料

一、任务导入

本章内容主要介绍无人机装配与调试过程中需要使用的各类工具材料以及注意事项。

二、任务分析

1. 任务要求

① 了解装配过程中所使用的工具以及材料。

② 了解装配过程中使用工具的注意事项及安全措施。

2. 实施方法

本任务以理论教学为主，其组织形式与教学方法如下：

组织形式：以班为单位进行双师云课堂或线下授课。

教学方法：采用多媒体教学，实物结合以及图片形式进行理论讲授。

三、任务实施

引导问题 1：组装中常用的装配工具有哪些？

1. 水口钳和斜口钳

水口钳和斜口钳的区别：从用途来看，斜口钳（见图 1-7(a)），一般用于裁剪一些比较硬的材料；水口钳（见图 1-7(b)），主要是裁剪一些软线和塑料。从剪切面、刃口来看，斜口钳的

刀口比较厚,剪断铜线后的切口是斜的;水口钳刃口比较锋利,适用于裁剪细铜线和塑料橡胶等材料,剪断铜线后的切口是平的。斜口钳剪出来的铁丝切口形状是"> <"形,而水口钳是"|"形。

注意事项:

① 使用时,尽量避免对着他人身体,防止打滑伤人。

② 禁止用来敲打他物、用作撬棒。

③ 禁止剪钢丝以及粗铁丝等较硬的物品。

④ 用完后应清理污渍,并涂油保养,防止刃口老化。

2. 剥线钳

剥线钳(见图1-8),是仪器仪表电工、内线电工、发动机修理工常用的工具之一,用来剥除电线头部的表面绝缘层,使电线的绝缘皮与电线分开,塑料手柄可以防止静电。

(a) 水口钳   (b) 斜口钳

图1-7 水口钳和斜口钳   图1-8 剥线钳

使用要点:要根据导线直径,选用剥线钳刀片的孔径。

注意事项:

① 根据缆线的粗细型号,选择相应的剥线刀口。

② 将准备好的电缆放在剥线工具的刀刃中间,选择好要剥线的长度。

③ 握住剥线工具手柄,将电缆夹住,缓缓用力使电缆外表皮慢慢剥落。

④ 松开工具手柄,取出电缆线,这时电缆金属整齐露出外面,其余绝缘塑料完好无损。

3. 螺钉旋具

螺钉旋具也称螺丝刀,是用来旋紧或旋松螺钉的工具。按不同的头形可分为一字形、十字形、星形、六角形等,其中一字形和十字形是生活中最常用的工具。

一字螺丝刀(见图1-9(a))的型号表示为:刀头宽度×刀杆长度。例如,2 mm×75 mm,则表示刀头宽度为2 mm,杆长为75 mm(非全长)。

十字螺丝刀(见图1-9(a))的型号表示为:刀头大小×刀杆长度。例如,2号×75 mm,则表示刀头为2号,金属杆长为75 mm(非全长)。有些厂家以PH2来表示2号,实际是一样的,可以用刀杆的粗细来大致估计刀头的大小,不过工业上是以刀头大小来区分的。型号为0号、1号、2号、3号、4号的螺丝刀对应的金属杆粗细大致为3.0 mm、4.0 mm、6.0 mm、8.0 mm、9 mm。

内六角螺钉旋具(见图1-9(b))的型号以六角对边的距离表示,常见的有1.5 mm、2.0 mm、2.5 mm、3.0 mm、4.0 mm、5.0 mm等。

注意事项:

① 使用长杆旋具时,可用左手协助压紧和拧动手柄。

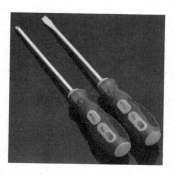
(a) 一字、十字螺钉旋具

(b) 内六角螺钉旋具

图 1-9　螺钉旋具

　　② 在砂轮上磨削螺钉旋具时要特别小心,因为过热会使螺钉旋具的手柄变软。在磨削时要戴上护目镜。

　　③ 刀具应该与螺钉的槽口大小、宽窄、长短相适应,刀口不得残缺,以免损坏槽口和刀口。

4. 内六角扳手

　　内六角扳手也称艾伦扳手(见图 1-10)它通过扭矩对螺丝施加作用力,大大降低了使用者的用力强度,是工业制造业中不可或缺的得力工具,所以一般在受力比较大的地方都采用内六角螺钉来连接。

　　注意事项:

　　① 内六角扳手的选用应与螺栓或螺母的内六方孔相适应,不允许使用套筒等加长装置,以免损坏螺栓或扳手。

　　② 使用前要正确区分螺栓的规格(公制或英制),以便选择正确规格的内六角扳手。

5. 小型台钳

　　小型台钳又称虎钳、台虎钳(见图 1-11),是夹持、固定工件以便进行加工的一种工具,使用十分广泛,型号也较多。台钳是钳工必备工具,也是"钳工"名称的来源,因为钳工的大部分工作都是在台钳上完成的,比如锯、锉、錾以及零件的装配和拆卸。台钳安装在钳工台上,以钳口的宽度为标定规格,常见规格为 75～300 mm。

图 1-10　内六角扳手

图 1-11　小型台钳

　　小型台钳体积小、重量轻,可以在很多种场合如工作台、办公桌等使用,在组装无人机时,可以用来夹紧碳管和纤维板进行简单的加工,也可以在焊接时夹持电子元器件。

　　注意事项:

　　① 使用前先检查表面是否有裂痕和损坏现象。

② 在夹紧工件时只许用手的力量扳动手柄,绝不许用锤子或其他套筒扳动手柄,以免螺丝纹路、螺母或钳身损坏。

③ 不能在钳口上敲击工件,否则会损坏钳口。

④ 螺丝纹路、螺母和其他滑动表面要求经常保持清洁,并加油润滑。

⑤ 操作过程中不宜用力过猛。

⑥ 用后要记得清理现场并做好定期检查。

6. 电烙铁

电烙铁(见图 1-12)的主要作用是焊接元件及导线,是电子制作和电器维修的必备工具。电烙铁按机械结构可分为内热式电烙铁和外热式电烙铁;按功能可分为无吸锡电烙铁和吸锡式电烙铁;按用途又可分为大功率电烙铁和小功率电烙铁。

注意事项:

① 电烙铁使用前,应检查使用电压是否与电烙铁标称电压相符。

② 电烙铁应该具有接地线。

③ 拆烙铁头时,要切断电源。

④ 当烙铁头上有黑色氧化层时,可用砂布擦去,然后通电,并立即上锡。

⑤ 切断电源后,最好利用余热在烙铁头上涂一层锡,以保护烙铁头。

⑥ 海绵用来收集锡渣和锡珠,用手捏刚好不出水为适。

⑦ 电烙铁通电后不能任意敲击、拆卸及安装其电热部分零件。

⑧ 电烙铁应保持干燥,不宜在过分潮湿或淋雨环境使用。

7. 手电钻

手电钻(见图 1-13)是一种携带方便的小型钻孔用工具,由小电动机、控制开关、钻夹头和钻头等部分组成,是手工制作、维修等必备的工具,常用的有充电式手电钻(见图 1-13(a))和插电式手电钻(见图 1-13(b))。

图 1-12 电烙铁

(a) 充电式   (b) 插电式

图 1-13 手电钻

注意事项:

① 使用前要确认手电钻的开关处于关断状态,防止插头插入电源插座时手电钻突然转动。

② 不能使用有缺口的钻头,钻孔时向下压的力不要太大,防止钻头打断。

③ 要注意钻头的旋转方向和进给方向。

④ 对于小工件必须借助夹具夹紧,再使用手电钻。

⑤ 在加工工件后不要马上接触钻头,以免钻头过热而灼伤皮肤。

⑥ 清理刀头废屑、更换刀头等动作,都必须在断开电源的情况下进行。

⑦ 操作前要仔细检查钻头是否有裂纹或损伤,若发现有此情形,要立即更换。

⑧ 电钻在使用前应先空转 0.5~1 min,检查传动部分是否灵活,有无异常杂音,螺钉等有无松动,换向器火花是否正常。

8. 热熔胶枪

热熔胶枪(见图 1-14)是一种非常方便的快捷粘接工具,具有速度快、效率高等优势,缺点是胶体比较重,不适合用于对重量有严格要求的飞机。

注意事项:

① 操作时严禁加热,以免碰上他人或物品。

② 涂胶时要戴手套,避免烫伤。

③ 热熔胶枪必须放置在托架上,加热头朝下,严禁倒置。

④ 使用前,首先要检查地线、电源线,确定正常再使用。

9. 锉 刀

锉刀表面上有许多细密刀齿、条形,是用于锉光工件的手工工具(见图 1-15)。可对金属、木料、皮革等表层进行微量加工。普通钳工锉刀(见图 1-15(b))用于一般的锉削加工;什锦锉包括各种断面形状的锉刀(见图 1-15(a)),用于锉削小而精细的金属零件。

图 1-14　热熔胶枪

(a) 什锦锉

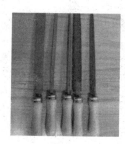

(b) 普通锉刀

图 1-15　锉 刀

注意事项:

① 不准用锉刀锉淬火材料。

② 锉削时,要经常用钢丝刷清除锉齿上的切屑。

③ 不准用新锉刀锉硬金属。

④ 锉刀要避免沾水、沾油或其他脏物。

⑤ 新锉刀先使用一面,待该面磨钝后,再用另一面。

⑥ 细锉刀不允许锉软金属。

⑦ 使用锉刀时不宜速度过快,否则容易过早磨损。

⑧ 使用什锦锉刀时用力不宜过大,以免折断。

⑨ 有硬皮或粘砂的锻件和铸件,须在砂轮机上将其磨掉后,才可用半锋利的锉刀锉削。

10. 手工锯

手工锯如图 1-16 所示。在无人机组装中,经常需要加工碳管、碳纤维板等配件,在不方便时可使用手工锯进行简单的制作。

注意事项：

① 锯条的松紧程度要适当,过紧,容易在使用中崩断;过松,容易在使用中扭曲、摆动,使锯缝歪斜,也容易折断锯条。

② 使用手工锯时,要明确工件的夹紧位置,不允许怀抱虎钳进行锯削。

③ 操作时一般以右手为主,握住锯柄,加压力并向前推锯;以左手为辅,扶正锯弓,根据加工材料的状态(板料、管材、圆棒)可以做直线式或者上下摆动式的往复运动,向前推锯时应该均匀用力,向后拉锯时双手自然放松;快要锯断时,应注意轻轻用力。

引导问题 2：无人机常用的调试工具有哪些？

1. 万用表

万用表又称多用表(见图 1-17),一般主要测量电压、电流和电阻。万用表的功能是测量直流电流、直流电压、交流电流、交流电压、电阻和音频电平等。按显示分类,可分为数字式万用表(见图 1-17(a))和机械式万用表(见图 1-17(b))。在无人机装配与调试中经常需要测量锂电池的电压、飞控电源输入电压、电调 BEC 电压、图传电压等。

(a) 数字式万用表　　　　(b) 机械式万用表

图 1-16　手工锯　　　　　　　　　　图 1-17　万用表

注意事项：

① 测量某一电量时,不能在测量的同时换挡,尤其是在测量高电压或大电流时更应注意。否则,会毁坏万用表。如需换挡,应先断开表笔,换挡后再去测量。

② 使用万用表之前,应先进行机械调零,即在没有被测电量时,使万用表指针指在零电压或零电流的位置上。

③ 在使用万用表的过程中,不能用手去接触表笔的金属部分,这样一方面可以保证测量的准确,另一方面也可以保证人身安全。

④ 万用表使用完毕后,应将转换开关置于交流电压的最大挡。如果长期不使用,还应将万用表内部的电池取出来,以免电池腐蚀表内其他器件。

⑤ 万用表在使用时,必须水平放置,以免造成误差。同时,还要避免外界磁场对万用表的影响。

2. 低电量报警器

低电量报警器也称 BB 响、BB 叫(见图 1-18),简称电压显示器,主要有两项功能:电压显示和低电压报警。低电量报警器主要用于锂电池的检测,可自动检测锂电池的每个电芯电压和总电压,支持反向连接保护,使电池不会因为过放或过充造成损害。当电池电压低于设定值电压时,报警器就会响起,并且 LED 灯会闪烁。

3. 舵机测试器

舵机测试器(见图 1-19)主要用来检测舵机的抖动、中位和虚位,也可以用来测量无刷电机的转向和接线的对应关系。如果与电子调速器(有刷或无刷均可)连接,即可摆脱遥控设备进行手动调速,用于测试调速器或电机性能,此时相当于一个"手动接收机",通过旋钮模拟发射机打舵。

图 1-18　低电量报警器

图 1-19　舵机测试器

使用方法:左边接舵机,分上、中、下 3 组,可接 3 个舵机;右边单排插针接电源,靠近边上为负极(有标识符号),接电池负极,注意千万不要接反,会烧掉 IC。接通电源后,蓝色灯会同时亮,然后只亮左边第一个,为手动调节电位器测试,按下按键,中间灯会亮,为归中测试;第三个灯亮,为自动测试。测试电调的接法和接舵机一样,但是输入端不需要接电源;测试电机时,需要先接电调,与测电调同理。

4. 桨平衡器

静平衡器(见图 1-20(a))用来测试桨叶的静平衡。最理想的静平衡是螺旋桨不论处于任意角度都能够处于静止状态,如果某一桨叶静止时一边总是下沉,应立即找出这个桨叶两边的差异,并且进行修正、再试,直到合格。市面上有些桨的质量较差,两边重量不一致,玩家稀里糊涂地装上去后,导致飞机或飞行器震动得厉害,但往往找不到原因。虽然两只桨的重量只相差了一点点,但桨在高速转动时所受到的离心力被放大了无数倍。

桨动平衡测试器如图 1-20(b)所示,传统的静平衡只能实现静止时两边桨叶的重量大致平衡,但精度低,无法对气动不平衡(桨旋转时会产生变形,与静止时完全不一样)这个关键指标进行处理,加之不能和电机一起测试,如果电机也不平衡(如电机生产安装时的误差、电机轴承磨损间隙、摔机造成电机的微小变形),那么所做的静平衡毫无意义,因此只有做动平衡才可以从根本上解决问题。

5. 动力系统测试台

动力系统测试台(见图 1-21),用于无人机、航模动力系统静态或动态下的拉力(推力)测试,可同时测量动力系统的拉力、功耗与效率,发动机功耗与效率,以及螺旋桨桨效等数据。

动力系统测试台采用了航空级传感器、处理设备和先进算法,确保了测量精确;同时采用

(a) 静平衡测试器

(b) 动平衡测试器

图 1-20　桨平衡器

立式测量方法,减小地面效应对测量的干扰,方便用户安装各种尺寸的动力系统到多功能安装架上,多处人性化设计,使测试工作更加简便。同时系统配套全自主研发的测试软件,无线连接 PC 端可直观地实时监测测试数据,测试完成后可一键生成测试报告。

无人机动力系统测试台可用于各类无人机的动力设计与优化工作,是中小型无人机企业研发道路上必不可少的利器,对无人机的航时提升、气动优化方面起着不可或缺的作用。

6. 示波器

示波器是一种用途十分广泛的电子测量仪器,如图 1-22 所示。它能把肉眼看不见的电信号变换成看得见的图像,便于人们研究各种电现象的变化过程。在被测信号的作用下,电子束就好像一支笔的笔尖,可以在屏面上描绘出被测信号的瞬时值变化曲线。利用示波器能观察各种不同信号幅度随时间变化的波形曲线,还可以用它测试各种电量,如电压、电流、频率、相位差、调幅度等。

图 1-21　动力系统测试台

图 1-22　示波器

引导问题 3：常用的装配耗材有哪些?

1. 热熔胶

热熔胶(见图 1-23),是一种可塑性的黏合剂,在一定温度范围内其物理状态随温度改变而改变,而化学特性不变,无毒无味,属环保型化学产品。配合前面讲的热熔胶枪使用,可用于电子元器件、泡沫板、塑料等的黏接。

2. 纤维胶带、液体泡沫胶、双面泡沫胶、502、螺丝胶

纤维胶带(见图 1-24(a))是泡沫板固定翼无人机常用的胶带之一。纤维胶带具有优异的耐磨性能和抗潮能力以及极强的断裂强度,其特有的压敏胶层具有优异的持久黏力和特殊性能,用途十分广泛。户外飞行的飞机损坏时,可以对飞机的机身进行快速修补。

图 1-23　热熔胶

液体泡沫胶(见图 1-24(b))是一种液体的、专门用来黏泡沫板的胶,特点是不腐蚀泡沫模型,是海绵状多孔结构的硫化橡胶,有开孔、闭孔、混合孔和微孔之分,可制成软橡胶或硬橡胶制品。液体泡末胶制品质轻、柔软、有弹性、不易传热,具有防震、缓和冲击、绝热、隔音等作用。用合成橡胶制成的制品还具有耐油、耐老化、耐化学药品等特点,广泛应用于汽车、飞机、化学、日用品等工业,用作保温、隔音、防震材料,以及制座垫、床垫、医疗机械、卫生用品、体育用品等。

双面泡沫胶(见图 1-24(c)),主要用来黏各种电子元器件。

502 胶水(见图 1-24(d))若暴露放置,接触到空气中微量水汽,将被催化并迅速聚合固化黏着,故有瞬间胶黏剂之称。502 胶水有一定的毒性,在空气中微量水催化下发生加聚反应,迅速固化而将被黏物黏牢,具有瞬间接着、透明无色、有较高黏度等特点。

螺丝胶又称螺丝固定剂(见图 1-24(e)),凡是有螺丝的地方一般都能见到它。一般用法是将它点在螺纹上,然后将螺丝锁好,让其慢慢固化。螺丝胶起到让螺丝在作业中不会脱落及防锈的作用。将来如要修理时,只要增加用力即可卸下。一般是将产品做好后,才将螺丝胶点到每个螺丝上,将螺丝锁好后,让其自然固化,正常点胶后约 10 min 即可。

(a) 纤维胶带

(b) 液体泡沫胶

(c) 双面泡沫胶

(d) 502

(e) 螺丝胶

图 1-24　纤维胶带、液体泡沫胶、双面泡沫胶、502、螺丝胶

3. 尼龙扎带

尼龙扎带如图 1-25 所示,由于尼龙扎带产品的特殊性(薄壁,产品注塑流程比较大),其模具、注塑工艺和材料都相当讲究,一般的新厂家都需要很长的摸索过程才能生产出合格的产

品。尼龙扎带设计有止退功能（活扣式除外），只能越扎越紧；也有可拆卸的扎线带（活扣）。尼龙扎带具有绑扎快速、绝缘性好、自锁紧固、使用方便等特点，在无人机组装时主要用于导线的捆扎和固定以及零配件的固定等。

4．魔术扎带

魔术扎带（见图 1-26），又称魔术贴束线带，粘扣带扎带，它与普通的扎带有所不同。普通的扎带，设计有止退功能，只能越扎越紧；而魔术扎带采用魔术贴制作原理，是一种连接辅料，分公母两面，一面是细小柔软的纤维，另一面是较硬的小毛钩。魔术扎带受到一定的拉力作用时，富有弹性的钩被拉直，从绒圈上松胶而打开，然后又恢复原有的钩形。在无人机装配中主要用于电池的固定。

图 1-25　尼龙扎带

图 1-26　魔术扎带

5．魔术贴

魔术贴（见图 1-27）分公、母两面，一面表面覆有环形结构，另一面覆有钩状结构。在无人机装配中主要用来粘贴需要常拆卸的物品，如接收机、电池等。

6．热缩管

热缩管（见图 1-28），是一种特制的聚烯烃材质热收缩套管，也可以叫作 EVA 材质热缩管，具有遇热收缩的特殊功能，加热 98 ℃以上即可收缩，使用方便。同时还具有高温收缩、柔软阻燃、绝缘防蚀的功能。

图 1-27　魔术贴

图 1-28　热缩管

7．焊锡丝

焊锡丝（见图 1-29），是在焊接线路中连接电子元器件的重要工业原材料，是一种熔点较低的焊料，是电子行业中必不可少的材料，在无人机装配中主要用于焊接电路板、电调、电机等。

引导问题 4：组装中常用的装配连接件有哪些？

1. 尼龙柱、铝柱

尼龙柱也称隔离柱，如图 1 - 30(a)所示。尼龙柱是采用优质的尼龙料加工制作而成的，具有耐磨性好、重量轻、无毒、良好的耐腐蚀性等特点，在无人机装配中主要用于隔离电路板；铝柱如图 1 - 30(b)所示，是采用铝合金制作的，硬度较高，比尼龙柱更加牢固，且比尼龙柱重，主要用来固定或隔离电路板或零部件。

图 1 - 29　焊锡丝

(a) 尼龙柱

(b) 铝　柱

图 1 - 30　尼龙柱、铝柱

2. 塑料卡扣

卡扣又称锁扣，如图 1 - 31 所示。卡扣是一个零件与另一零件的嵌入连接或整体闭锁的机构，通常用于塑料件的连接。卡扣一般由活动部分和固定部分构成，通过活动部分与固定部分的结合与分离达到结构的关闭与开启，使用方便、安全、牢固，可防振动，紧固性强，使用寿命也非常长。卡扣在无人机中多用于飞机可折叠连接处的固定（如折叠机臂处）。根据用途不同，卡扣可分为多种，例如：箱包卡扣、军用卡扣、铝箱卡扣、航空箱卡扣等，其用途十分广泛。

3. 舵面合页

无论是 KT 扳机，还是 EPP、EPS 都需要用到舵面合页（见图 1 - 32）。舵面合页主要用于固定翼无人机的舵面连接，主要规格有小号 24 mm×12 mm、中号 29 mm×16 mm 和大号 36 mm×20 mm 等。大多数舵面合页都采用尼龙材质。使用舵面合页时，先将无人机舵面后边开个小缝，方便将合页塞进去，最后再点上胶即可。

图 1 - 31　卡　扣

图 1 - 32　舵面合页

4．机臂折叠件

机臂折叠件与多旋翼机臂管连接方式如图1-33所示，主要作用是快速展开和方便收纳，减少前期飞机准备时间和收纳时间。碳管的固定位置具有开口、锁紧功能，可以解决碳纤管和折叠座固定位置的缝隙问题。机臂与中心板的安装有5°的倾斜角，这样有效抵消了多轴电机因自传产生的离心力，同时增加了飞行的稳定性。

引导问题5：组装中常用的装配接口及连接线有哪些？

1．T形插头

T形插头（见图1-34）是一种大电流插头线，由两个导电的金属部分组成，呈T形。

图1-33　机臂折叠件　　　　图1-34　T形插头

2．EC系列插头

EC系列插头主要有EC2、EC3、EC5等插头。EC2使用的是2 mm的镀金香蕉头，EC3使用的是3.5 mm镀金香蕉头，EC5使用的是5 mm镀金香蕉头。EC3插头如图1-35所示。

3．香蕉形插头

香蕉形插头（见图1-36）成对使用，一头突出的为公头，凹进去的为母头，是一种特别方便快速拔插的电源接头。根据直径大小有2.0 mm、3.0 mm、3.5 mm、4.0 mm、5.5 mm、6.0 mm等型号。

图1-35　EC3插头　　　　图1-36　香蕉形插头

4．XT60、XT90插头

XT60插头如图1-37(a)所示，插头里面是3.5 mm的香蕉头，外壳的一边为斜边，另一边为直边，防止正、负极接反，也是成对使用，突出的为公头，凹进去的为母头。XT90插头外观与XT60插头一样，只是尺寸大了一号，里面是4.5 mm的香蕉头。

5．AS150插头

AS150防火花插头如图1-38所示，其适用于高电压电池，具有独特的防打火、防反插设

(a) XT60插头　　　　　　　　　　　　(b) T形插头转接头

图 1 - 37　XT60 和 T 形插头转接头

计以及耐大电流性能。AS150 防火花插头采用 7 mm 超大规格低阻抗镀金香蕉插头,并且在公插头内嵌入了电阻,防止产生火花,具有整体重量轻、体积小、拔插手感好等优点。

使用 AS150 插头时,切记先黑后红,即先插黑线,后插红线。待红线公插头电阻端头部接触母插头后,要把插头插到底,切勿光靠前端接触母插头后长时间过大电流,这样容易烧掉公插头内部的电阻。AS150 防火花插头在无人机、代步车、机器人、电动工具、园林机械、电动自行车等行业应用广泛。

6. JST 插头

JST 插头(见图 1 - 39)是一种小电流插头,成对使用,正、反形状不一样,具有防止正负极接反的功能。

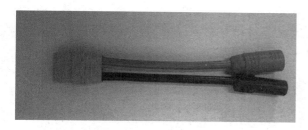

图 1 - 38　AS150 插头

图 1 - 39　JST 插头

7. 平衡插头

平衡插头如图 1 - 40 所示,主要用于锂电池平衡充电。2S 电池表示内部有两块电芯共三根线(包括一根地线),3S 电池共四根线,以此类推。

8. 杜邦线

无人机常用的杜邦线如图 1 - 41 所示,一般为 3 根组合的 3P 杜邦线,用于飞控、电调、接收机的连接。

图 1 - 40　平衡插头

9. AWG 硅胶线

AWG 硅胶线如图 1 - 42 所示,在无人机装配中主要用作主电源线,具有耐高温、耐低温、有弹性、绝缘性好、线身柔软、寿命长等优点。硅胶线的型号是根据粗细来命名的,型号数越大,线就越细。

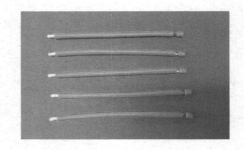

图 1-41　杜邦线　　　　　　　　　图 1-42　AWG 硅胶线

引导问题 6：常用的装配机体材料有哪些？

组装无人机时首先要选取合适的材料,比如碳纤维、玻璃纤维、塑料、铝合金、轻木等。碳纤维一般用于多旋翼无人机的机体和螺旋桨等;铝合金一般用于一些连接件,比如折叠脚架等;轻木一般用于固定翼无人机。

1. 泡沫板

泡沫板如图 1-43 所示,按材料不同,可分为 KT 板、EPO 板、EPS 板和 EPP 板等;按发泡放大比例(发泡后比发泡前的增大倍数),分为低发泡(15 倍以下)和高发泡(40 倍以上),放大倍数越小,材料硬度越硬,韧性越差。泡沫板多用于小型固定翼无人机,具有重量轻、制作简单、相对耐摔、容易修复等特点。

2. 碳纤维

碳纤维如图 1-44 所示。碳纤维复合材料是主要由碳元素组成的一种特殊纤维,其含碳量不同种类也不同,一般在 90% 以上。碳纤维复合材料具有耐高温、耐摩擦、导电等特性,与一般的碳素材料有所不同。碳纤维的比重较小,因此具有很高的比强度。

图 1-43　泡沫板　　　　　　　　　图 1-44　碳纤维

碳纤维的主要用途是与树脂、金属等基体复合制造成结构材料。在 20 世纪 50 年代,碳纤维主要用于火箭、航空等尖端科技领域,现在广泛用于体育、化工机械的民用领域,目前的 F1 赛车车身结构大多数都用碳纤维材料。

碳纤维具有强度高、耐热性好、抗热冲击性强、低热膨胀系数小、热容量小、比重小、抗腐蚀与辐射性能好等优点。

3. 塑　　料

塑料（见图 1-45）的主要成分是树脂,塑料的基本性能主要决定于树脂的本性,有些塑料是由合成树脂组成的,不含或含少量添加剂,如有机玻璃、聚苯乙烯等。塑料可分为热固性与热塑性两类,前者无法重新塑造使用,后者可以重复再生产。热塑性塑料的物理延伸率较大,一般为 50%～500%。

塑料的特性:耐化学侵蚀、具有光泽,部分透明或半透明,重量轻,用途广、效用多、容易着色,部分耐高温,大部分为良好绝缘体等。

4. 凯夫拉纤维

图 1-46 所示为凯夫拉纤维,凯夫拉纤维是美国杜邦公司研制的一种芳纶复合材料。其具有非常好的热稳定性、抗火性、抗化学性、绝缘性,以及高强度和模数。将凯夫拉纤维的性质与其他纤维做一比较,可以发现,凯夫拉纤维的强度是石棉的 2～11 倍,是高强度石墨的 1.6 倍,是玻璃纤维的 3 倍,是相同质量下钢纤维强度的 5 倍。在无人机行业中主要应用于加强结构件之间的连接和表面不光滑结构件之间的捆绑连接。

图 1-45　塑　料　　　　　　　　图 1-46　凯夫拉纤维

5. 轻　　木

轻木（见图 1-47）是木棉科轻木属中等大小的常绿乔木。轻木是世界上最轻的商品用材,因其容重最小、材质均匀、易加工,可用作多种轻型结构物体的重要材料;也可以作各种展览模型或塑料贴面板等的材料;轻木导热系数较低,是一种很好的绝热材料;此外,轻木还可以作隔音设备、救生胸带、水上浮标等;也可以做成耐高温材料的特殊结构物。

6. 航空铝

航空铝（见图 1-48）是制造飞机（包括飞行器）、航空发动机及其附件、仪表及随机设备等所用材料的总称,通常包括金属材料（结构钢、不锈钢、高温合金、有色金属及合金等）、有机高分子材料（橡胶、塑料、透明材料、涂料等）和复合材料。

图 1-47　轻　木　　　　　　　　图 1-48　航空铝

航空铝具有高比强度和高比刚度,优良的耐高、低温性能,耐老化和耐腐蚀性能,能适应各种空间环境以及寿命长和安全性高等特点。

项目核验

项目核验单							
班　级		姓　名		学　号		日　期	
一、相关知识 1. 简述三种无人机各自的结构及各部分组成。 2. 简述装配的原则。 3. 简述无人机调试的内容。 4. 简述装配工具有哪些。 5. 简述各种耗材的应用。 6. 简述装配机体材料的内容。 二、评价反馈 1. 自我评价 2. 学生建议							
成绩评定			教　师				

项目2 多旋翼无人机装配与调试

【项目描述】

多旋翼无人机是目前民用领域应用较为广泛的一种飞行器。在无人机应用技术专业中，无人机的装配、调试、维修、飞行等是无人机从业者的必备技能,而多旋翼无人机的装配技术是无人机应用过程中的必备技能。为了能够更好地应用新型智能化的无人机,扎实的无人机装配技能是不可缺少的,而多旋翼无人机的新技术在不断地迅猛发展,因此,只有对多旋翼无人机的基本部件有充分的了解,才能更好地接受新的技术。本项目主要介绍多旋翼无人机的装配流程及其注意事项,为后面更好地应用无人机打下坚实的基础。

【项目要求】

① 了解多旋翼无人机机体有哪些布局,掌握不同机架布局的特点。
② 了解多旋翼无人机机体有哪些材质,不同的材质对应的有哪些加工工艺和方式。
③ 掌握多旋翼无人机的组成部件,并可以完成整机的装配、电路的焊接与布线。
④ 掌握多旋翼无人机飞控与传感器的安装及调试。
⑤ 可完成装配与调试后的试飞任务。

任务2.1 多旋翼无人机基本结构认知

一、任务导入

随着自动化控制技术的发展,多旋翼无人机逐渐开始崭露头角。多旋翼飞行器应用广泛,成本相对较低,集成化程度高,因此了解多旋翼飞行器的基本结构对学习多旋翼无人机装配与调试有很大的帮助。下面从多旋翼无人机的命名规则开始,阐述多旋翼无人机具体结构和基本材料。

二、任务分析

1. 任务要求
① 学习并掌握多旋翼无人机的基本结构及各器件的工作原理。
② 具备材料力学和结构力学的基本常识,掌握多旋翼无人机制作的常用材料。

2. 实施方法
本任务以理论教学为主,组织形式与教学方法如下:
组织形式:以班级为单位进行双师云课堂或线下授课。
教学方法:采用多媒体教学,结合实物、挂图进行理论讲授。

三、任务实施

引导问题 1：多旋翼无人机的命名规则有哪些？

多旋翼无人机的命名方法有 3 种，具体如下：

① 多旋翼无人机的命名一般会根据动力轴的数量或旋翼的数量进行命名，常规的是旋转轴数与旋翼数相同，常见的有 3 轴无人机或 3 旋翼无人机、4 轴无人机或 4 旋翼无人机、6 轴无人机或 6 旋翼无人机。

② 动力轴数和旋翼数不相等的情况下进行命名即共轴双桨式旋翼无人机，比如 3 轴 6 旋翼无人机，是在每个轴上下各安装一个电动机构成 6 旋翼。这种共轴双桨式旋翼无人机，可以在不增加多旋翼整体的尺寸的前提下增加载重量，但会降低单个螺旋桨的效率，目前测算的共轴双桨式旋翼无人机的使用效率相当于 1.6 个螺旋桨的效率。

③ 根据多旋翼无人机的尺寸进行命名，机架根据轴距的大小可分为 130 级、250 级、450 级、600 级、1 000 级等。一般，多旋翼无人机的轴距越大，对应的动力轴的数量或旋翼的数量就越多，数字代表机架对角线上电机之间的距离，也就是多旋翼的轴距，例如 600 级 6 旋翼无人机是 6 旋翼机架，其对角电机之间的距离为 600 mm。一般来说，机架越小越灵活，速度越快；反之，机架越大，飞行时越稳定，速度越慢。

引导问题 2：多旋翼无人机机架的材质有哪些？

多旋翼无人机机架主体常用的材料有碳纤维、玻璃纤维、塑料材质等。

碳纤维是以碳纤维作为增强材料，树脂基填充材料作为基础物质的复合材料。碳纤维的强度优于玻璃纤维，且重量更轻，但价格比玻璃纤维高昂。

玻璃纤维是以玻璃纤维为增强材料，树脂基填充剂作为基础物质的复合材料。从外观来看，玻璃纤维是白色的，碳纤维是黑色的；但实际的板材中，玻璃纤维是黄色的。有的玻璃纤维表面有黑色绝缘漆，有时不易与碳纤维区分。由于碳纤维内外都是黑的，而玻璃纤维内部是白色的，故可以从断面来区分玻璃纤维与碳纤维。

塑料材质经常用来制作多旋翼无人机的机臂、机臂卡扣、连接件、起落架、螺旋桨等布局件。在多旋翼无人机上选择使用塑料材质是因为它具有重量轻且坚固、便于加工、可大量生产，并且价格相对低廉。正是因为这些特点，塑料材质的部件一般用于易损毁的部位，便于损毁后及时更换配件。

引导问题 3：多旋翼无人机机体有哪些布局？

多旋翼无人机机架就是指多旋翼无人机的机身，是多旋翼无人机与其他结构安装的基础，起承载作用。机架的布局大体可以分成几大类：X 形结构、十字形结构、环形结构、H 形结构、工字形结构和异形结构等。不同的结构既有优势也有缺点，可根据任务的要求选择最适合的机架。

X 形结构布局的多旋翼无人机机动灵活，而且如果搭载相机，拍摄的上方视野更开阔一些。十字形结构布局的多旋翼无人机，飞行原理更为简单，俯仰运动和横滚运动仅需改变一对电机的转速即可控制飞行，但如果用于航拍作业，前面的螺旋桨容易进入航拍视线。环形结构的多旋翼无人机，在飞行过程中可以在较大程度上避免机架产生振动，增加机体机构强度，但同时也增加了机架的重量，降低了灵活度。

任务 2.2　多旋翼无人机装配

一、任务导入

在对多旋翼无人机的结构有了一定的认识之后,下面就来具体学习多旋翼无人机飞行平台的装配流程,以及在装配过程中涉及的具体部件。多旋翼无人机装配过程中的注意事项和操作步骤也将逐步解释和分析。

多旋翼
无人机组装

二、任务分析

1. 任务要求

① 学习并掌握多旋翼无人机的基本结构、装配流程、各部件的工作原理。

② 学习并掌握多旋翼无人机装配中所用到的电学技能、电路焊接技能、力学分析技能、发动机装配技能、计算机应用技能等。

2. 实施方法

(1)理论教学

组织形式:以班级为单位进行双师云课堂或线下授课。

教学方法:采用多媒体教学,结合实物、挂图进行理论讲授。

(2)实训教学

组织形式:学生分为若干小组,每组 4～6 人进行分组实训。

教学方法:老师示范装配过程后,进行巡回指导,学生小组讨论、探究、轮流动手操作。

三、任务实施

第一步:知识准备

引导问题 1:多旋翼无人机由哪些结构组成?

多旋翼无人机的工作系统有多旋翼无人机机体平台、飞行控制系统、动力系统、通信系统、任务工作系统等。

引导问题 2:多旋翼无人机机体平台的组成?

多旋翼无人机机体平台由机臂、中心结构板、起落架、设备舱、电池舱、任务舱等几部分组成,如图 2-1 所示。

引导问题 3:多旋翼无人机飞行控制系统由哪些结构组成?

多旋翼无人机飞行控制系统由飞行控制计算机和辅助飞行传感器等组成。

1. 飞行控制计算机

飞行控制计算机(以下简称飞控)是飞行控制系统计算与控制飞行器的核心部件。飞控具有姿态稳定与控制,导航与制导控制,自主飞行控制,自动起飞、着陆控制等基本功能。目前常用的无人机主控芯片为意法半导体的 STM32 系列,其运算速度及众多的外围接口电路很适合用来完成对小型无人机的实时控制。

目前飞控大体可分成工业级飞控、商用级飞控、开源飞控。工业级飞控具有专门适用于各

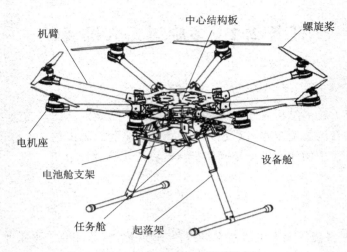

图 2－1 多旋翼无人机结构图

个行业实际使用的功能,可以用多部电台中继的方式拓展控制半径,可以在海拔起伏的环境设置三维航线,可以将实际飞行时修正过的航路文件再次导出,也常用一台地面控制站控制多架无人机、进而可以实现编队飞行。商用飞控技术简单、成本低廉,持续飞行时间较短,国内有大疆、零度、极飞、拓攻、致导、一飞、无距等多家企业的产品,价格相对较低,也具备常用的作业功能,调试安装都比较简单。开源飞控比较适合作为多旋翼无人机开发的基础飞控平台。常见的开源飞控有 Arduino 开源飞控、ArduPilot Mega(APM)飞控、PIX Hawk 飞控、Open Pilot飞控、Multi Wii Copter(MWC)飞控等。

2．辅助飞行传感器

辅助飞行传感器有陀螺仪、加速度计、角速度计、气压计、控制电路等,其能够稳定无人机飞行姿态,并能控制无人机自主或半自主飞行。多旋翼无人机本质上是一个不稳定的系统,所以飞控系统无时无刻不在监视并控制着无人机的飞行状态。飞控系统将遥控器和地面站的飞行指令转化成对应的电信号发送给动力控制系统,使无人机尽可能地满足设定的飞行要求。

辅助飞行传感器可以单独使用,也可以组合使用。常见的组合有惯性测量单元(IMU)、GPS－Compass 模块组合、数传单元(DTU)、电源管理单元(PMU)等。惯性测量单元是测量物体的三轴姿态角以及加速度的装置,一般情况下惯性测量单元包含三个单轴的加速度计和三个单轴的陀螺仪,其中加速度计检测物体在载体坐标系统独立三轴的加速度信号,而陀螺仪检测载体相对于导航坐标系的角速度信号,测量物体在三维空间中的角速度和加速度,并以此解算出物体的姿态。

引导问题 4：多旋翼无人机动力系统由哪些结构组成？

动力系统可以分为电动动力系统、燃油动力系统、油电混合动力系统。

多旋翼电动动力系统由电源、电源管理模块、分电板、电子调速器、无刷电机、螺旋桨等组成。

1．电　源

目前无人机系统常用到的储蓄电池类型有:锂聚合物电池、锂离子电池、铅酸性电池、镍镉电池、磷酸铁锂电池等。

与日常生活中用到的电池相比,无人机中用到的电池的最大特点是功率大,对电池的待机时间和使用的寿命要求不高,但需要具有重量轻、储能多、输出电流大等性能。铅酸电池的整套装置非常重,但是工作可靠,一般作为地面设备使用,如用作充电设备。镍镉电池和镍氢电池都是镍基电池,曾被广泛用作电动飞机动力系统的动力源,但因其存在记忆效应、重量大等缺陷,已逐渐被锂离子/锂聚合物电池所取代。目前锂聚合物电池是电动无人机使用得最多的电池,其不仅重量轻、容量大、无记忆效应,而且便于制成各种规格的电池组。

下面重点介绍锂聚合物电池的相关性能参数,锂聚合物电池的相关性能参数很多,但是在选择和购买时只须了解几个常用参数即可。反映锂聚合物电池性能的主要参数包括:电池容量、串并联数、最大/持续放电倍率等。电池容量指的是电池内可储存电能的量。

在实际中,一块标称容量 5 200 mA·h 的电池表明其在标定实验中具有以 5 200 mA 大小的电流,持续放电 1 h 的能力。一般用 S 表示串联,用 P 表示并联,因为一般锂聚合物电池的单体电压是 3.7~4.2 V,所以标示为"3S"电池组的电压范围是 11.1~12.6 V。例如,一个标示 4S2P/5 200 mA·h 的电池,则表明它由 4 组电池串联而成,其中每组由两片 5 200 mA·h 的锂聚合物电池单体并联而成。电池的总电压等于各电芯电压之和。电池各个电芯的电压差越小,电池的质量越好。通过电池串,并联数,可计算出电池组的总电压。充放电倍率是电池完成充放电所需时间(单位:h)比值的倒数,常用 C 表示,例,3C 说明该电池能在 1/3 小时内完成充/放电。C 值越高,输出越强劲。

2. 电源管理模块

电源管理模块是指将电源有效地分给系统的不同组件的部分。电源管理模块由电源管理芯片(PMIC)和集成电源管理单元(PMU)组成。电源管理芯片是电子设备系统中负责电能的转换、分配、检测以及其他电能管理的芯片。集成电源管理单元是一种高度集成的、针对便携式应用的电源管理方案,可以同时给无人机的动力系统、飞控系统、机载任务设备等供电。无人机电源管理模块可以分为地面遥控电源管理模块、飞控主控制器电源管理模块、ESC 电流调节器管理模块。

3. 电子调速器

电子调速器(Electronic Speed Control,ESC),简称电调,电调的作用是将飞行控制器的控制信号进行接收、放大,并将接收的速度控制指令和速度反馈信息整合,进而控制无刷电机的转速。在多旋翼无人机上是通过无刷电调控制多个电机相互配合来实现姿态修正的。

电调的基本参数有:最大额定电流、最大支持电压、最高支持频率等,最需要注意的参数是最大额定电流。

最大额定电流是指电调能够提供的最大电流。若一个电调表有 40 A,则电调能够提供的最大电流是 40 A,需要注意的是电调可以达到额定电流数,但如果长时间以最大额定电流工作,会有烧坏电调的风险,特别需要注意的是这一项指标是在电调散热良好前提下进行的,如果使用环境较热或者电调的散热性不好等,都会使额定电流比标示的值低一些。

最大支持电压是指电调在标称电流下能支持的最大输入电压。对应于电池的标示,有的电调会直接标出电压范围或者用电池节数标出电压范围,如说明书中标示某电调的最高电压为"6S",即表示其最大能与由 6 节锂电池串联的电池组匹配使用。

4. 无刷电动机

电动机旋转带动桨叶使无人机产生升力和推力,通过对电动机转速的控制,可使无人机完成各种飞行姿态。有刷电动机中的电刷在电动机运转时产生电火花,会对遥控无线电设备产生干扰,且电刷会产生摩擦力,噪声大,目前在无人机领域已较少使用,更多采用的是无刷电动机。

外转子型无刷电动机的工作原理:电动机的转子在外面,而定子在内部,转子内侧有两个永久性磁铁,一个是 N 极,另一个是 S 极。电动机的定子结构是线圈,也就是电磁铁,定子在内部是固定不动的,如图 2-2 所示。利用磁铁异性相吸的原理,给定子线圈通电,外面的转子由于异性相吸的原理会逆时针转动,转子的 N 极将靠近定子电磁铁的 S 极,转子的 S 极靠近定子电磁铁的 N 极,此时线圈停止通电,让下一个线圈通电,这样永磁铁就因异性相吸的原理继续逆时针转动追赶下一个电磁铁,如图 2-3 所示,前面有个电磁铁线圈在吸引永磁铁,后面一个电磁铁线圈在推动永 磁铁。无刷电动机安有霍尔传感器,能准确判断转子永磁铁的位置,并及时将永磁铁的位置报告给定子线圈控制器,控制器根据该信息控制线圈电流流向。

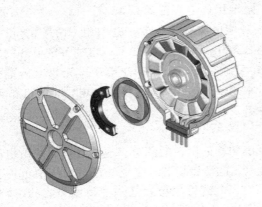

图 2-2 无刷电机内部结构

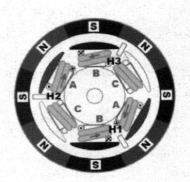

图 2-3 无刷电机工作原理

电动机的型号通常用"××××"型数字来表示。例如,2212 外转子无刷动力电动机,即表示电动机定子直径为 22 mm,电动机定子高度为 12 mm。

电动机 kV 值表示电动机空载转速,指电压每增加 1 V,无刷电动机每分钟增加的转速,即电动机空载转速=电动机 kV 值×电池电压。例如,920 kV 的电动机,电池电压为 11.1 V,那么电动机的空载转速应该为 920×11.1 r/min=10 212 r/min。

5. 螺旋桨

螺旋桨安装在无刷电动机上,通过电动机旋转带动螺旋桨旋转。多旋翼无人机多采用定距螺旋桨,即桨距固定。定距螺旋桨从桨毂到桨尖的安装角逐渐减小,这是因为半径越大的地方线速度越大,受到的空气反作用力就越大,容易造成螺旋桨因各处受力不均匀而折断。同时螺旋桨安装角随着半径增加而逐渐减小,能够使螺旋桨从桨毂到叶尖产生一定升力。

螺旋桨尺寸通常用"××××"型数字来表示,前两位数字表示螺旋桨直径,后两位数字表示螺旋桨螺距,单位均为英寸,一英寸约等于 2.54 厘米,螺距即桨叶旋转一圈旋转平面移动的距离。

螺旋桨有正反桨之分,顺时针方向旋转的是正桨,逆时针方向旋转的是反桨。

电动机与螺旋桨的配型原则:高电动机配小桨,低电动机配大桨。因为电动机值越小转动惯量越大,值越大转动惯量越小,所以螺旋桨尺寸越大,产生的升力就越大,就需要更大力量来驱动螺旋桨旋转,因此需要采用低 kV 值电动机;反之,螺旋桨越小,就需要电动机的转速更快,才能达到足够升力,因此采用高 kV 值电动机。

第二步:实训操作

多旋翼无人机组装的实训操作以 ZT‐EM600 为例进行介绍多旋翼无人机的装配步骤、装配技术以及装配过程中的注意事项。

1. 作业准备

① 准备焊接时所需的工具及材料:电焊台、焊锡丝、助焊剂、热缩管、硅胶线、剥线钳等。

② 准备组装过程中所需的工具:内六角螺丝刀(2.0 mm、2.5 mm)、尖嘴钳、螺丝胶、固体胶、3M 胶、扎带等。

③ 准备机体结构制作需要的材料:碳纤维管、碳纤维中心板、塑料卡扣、机臂折叠件、配套螺丝等。

④ 准备控制系统及动力系统装配与调试时需要的设备:PixHawk 飞控、电流计、GPS 与磁指南针模块、数传模块等。

2. 操作过程

(1) 机架的组装

1) 将机臂卡扣固定在下中心板上表面合适的孔位上

机臂卡扣是用于固定机臂的,是机臂与机体连接的主要受力点。由于机臂卡扣是重要的受力结构,所以需要选取强度较高的材质,常用的材质有航空铝、碳纤维、高强度工程塑料等,可根据整体载荷大小选取不同材质。机臂卡扣安装效果如图 2‐4 所示。

图 2‐4　机臂卡扣安装效果图

操作步骤:

① 将合适尺寸的螺柱穿过下中心板,并依次穿过上下卡扣,然后将螺母拧上。

② 同样的方法将另一端的卡扣固定在下中心板的合适位置,螺母不必拧太紧,要保证机臂有合适的尺寸放入。

③ 其他卡扣固定的方法与此方法相同。

2) 将机臂折叠件固定在下中心板上表面合适的孔位上

机臂折叠件是固定机臂的主要部件,是在收起机臂时可以活动的结构。多旋翼无人机准备飞行时扭转机臂折叠件可将机臂卡住,然后准备飞行。作为搬运或储存状态时可将机臂从折叠件中取出,便于运输。机臂折叠件安装效果如图 2‐5 所示。

操作步骤:

① 将合适尺寸的螺柱穿过下中心板,并依次穿过机臂折叠件,然后将螺母拧上。

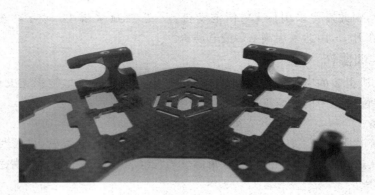

图 2－5　机臂折叠件安装效果图

　　② 同样的方法将另一端的机臂折叠件固定在下中心板的合适位置,螺母不必拧太紧,要保证机臂可以扭转。

　　③ 其他机臂折叠件固定的方法与此方法相同。

　　3）将机臂依次固定在卡扣上

　　机臂是连接机体与电机的部件,机臂的作用是将机体的上下中心板与电机座连接,支撑起电机与电机座,是多旋翼无人机主要的受力结构。机臂的长度应根据搭配的任务载荷进行设计,较长的机臂可以给螺旋桨的安装留有足够的空间。机臂安装效果如图 2－6 所示。

　　操作步骤:

　　① 将机臂插入固定好的机臂卡扣内,并拧上螺丝。

　　② 紧固螺丝力度要适当,如果过度拧紧螺丝容易造成卡扣断裂或者夹裂机臂。

　　③ 其他机臂固定的方法与此方法相同。

　　4）组装电池舱并固定到下中心板下表面合适的孔位上

　　电池舱是多旋翼无人机存放电池的位置,一般安装在下中心板的下部,与机体刚性连接,电池作为整机重量最大的一个部件,电池位置的安装位置尽量要放低一些,使整机重心降低,便于起飞降落。电池舱的安装效果如图 2－7 所示。

图 2－6　机臂的安装效果图

图 2－7　电池舱的安装效果图

　　操作步骤:

　　① 将四个铝柱依次用螺丝固定在电池舱的下中心板上。

　　② 将下中心板倒放在桌面上,在下中心板上找到四个合适的孔位。

③ 将四个铝柱对应放在四个孔位上,并依次拧紧螺丝。

5)组装起落架并固定在下中心板下表面卡槽上

起落架是支撑机体的主要结构,起落架与中心板相连,使机体远离地面,同时在起飞时能减少灰尘进入机体。起落架在机体的下方留有足够的空间悬挂任务设备,起飞后一般起落架会收起,尽可能的减小起落架对任务设备的影响。起落架的安装效果如图2-8所示。

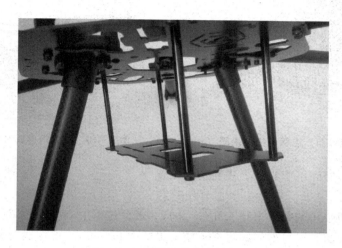

图2-8　起落架的安装效果图

操作步骤:

① 将起落架卡槽固定在下中心板的背面,并拧紧螺丝。

② 将起落架插入起落架卡槽内,并用螺丝紧固。

③ 起落架水平杆安装位置要与机体平行,并用螺丝固定上紧,防止降落时发生偏转。

(2)线路焊接及装配

1)将电流计焊接到分电板上

分电板是连接电流计和电调的一块电路板,电流计与各电调在电路板上是并联关系,分电板各路电压是相等的。电流计是将电池的高电压转换成适合多旋翼无人机使用电压的装置。电流计的功能如下:一是BEC功能,可将电池的高电压转换到适合飞控使用的电压;二是将电池电量传导到分电板上,为各电调供电功能。电流计焊接时注意:将电调焊接在分电板的下端,便于电流计从尾部连接到电池。电流计与分电板焊接效果如图2-9所示。

操作步骤:

① 分电板较大的一对铜片分别用电烙铁焊锡,注意不要将两个焊点连通。

② 将电流计的红色线,焊接到分电板带有加号的位置,并在焊接位置涂上绝缘胶。

③ 将电流计的黑色线,焊接到电流计带有减号的位置,并在焊接位置涂上绝缘胶。

2)将电调逐个焊接到分电板上

电调焊接时尽可将电调分布在分电板的两侧,例如六旋翼无人机可以左侧焊接3个电调,右侧焊接3个电调。电调焊接到分电板上的效果如图2-10所示。

操作步骤:

① 在各焊点焊锡,注意焊点不要加热时间过长,焊锡附着到铜板上即可。

② 将电调的红线焊接在带有正号的焊点，将电调的黑线焊接在对应带负号的焊点，并涂上绝缘胶。

③ 其他电调依次焊接在合适的位置。

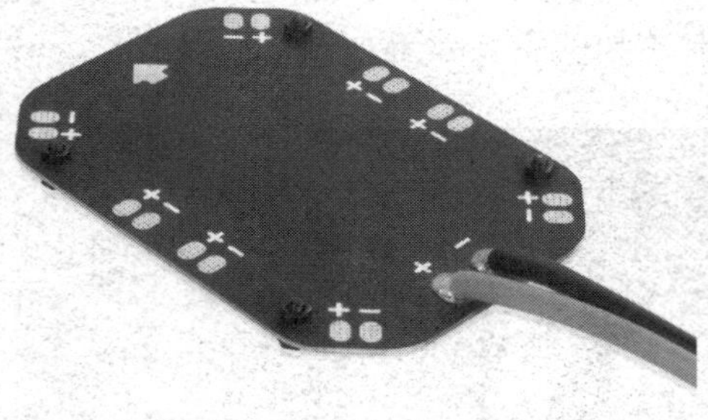

图 2-9　电流计与分电板焊接效果图

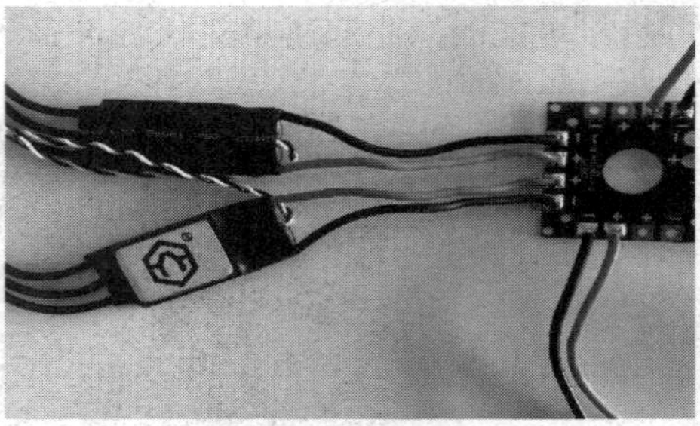

图 2-10　电调焊接到分电板上效果图

3）将分电板固定到下中心板上表面中间位置

操作步骤：

① 在分电板四个角的孔位上穿入扎带，并将扎带穿过下中心板的预留孔位，扣紧扎带。

② 将分电板的位置尽可能的固定在下中心板的中心位置，让电调线与各机臂之间的距离相等，如图 2-11 所示。

4）将无刷电机固定到下中心板上

电调选择固定的位置要尽可能的散热良好，还要远离飞控主板，尽可能的绕机体中心位置均匀分布，以减小机体不平衡的因素。

5）将无刷电动机与电调逐个连接

无刷电动机与电调连接时，电动机的转向不同，电调与电动机的接线也不同。通电解锁飞控后发现电机的转向不是需要的方向，此时通过调换电动机与电调的任意两根接线，即可改变电机的转向。电调与电动机连接线效果如图 2-12 所示。

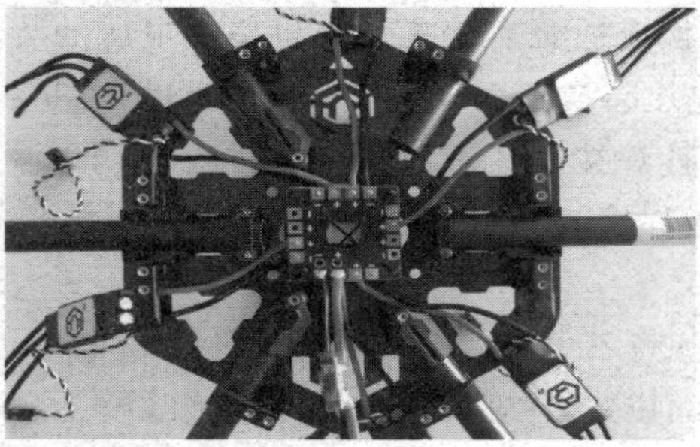

图 2-11　分电板固定到下中心板上

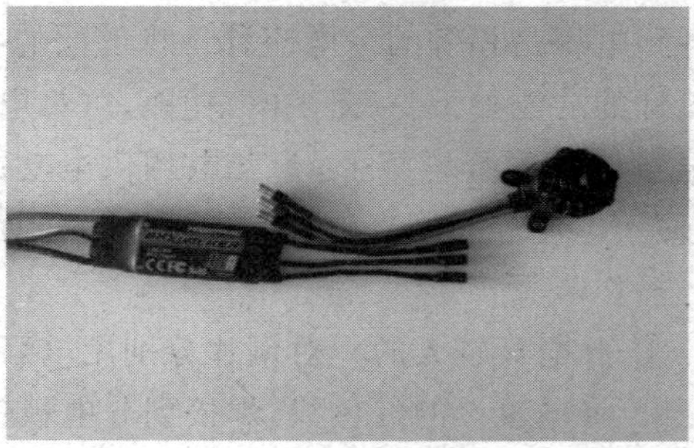

图 2-12　电调与电动机连接线效果图

6）固定电调

将电调固定到下中心板上表面的合适位置。

7）合并上、下中心板

将上中心板与下中心板合并。

（3）飞控及传感器的安装

飞控及传感器的安装步骤如下：

① 将飞控固定在上中心板的中心位置，方向与机头方向一致，如图2-13所示。

② 将电调的信号线插在飞控对应的通道上。

③ 将数传固定到上中心板并将数据线接入飞控对应通道。

④ 将GPS陀螺仪模块固定到上中心板并将数据线接入飞控对应通道，如图2-14所示。

图2-13　飞控及传感器固定

图2-14　传感器与飞控连接

⑤ 将接收机固定并将杜邦线接入飞控对应通道。

⑥ 将电池固定到电池舱中，如图2-15所示。

⑦ 将电调插入飞控输出端口的对应通道，如图2-16所示。

⑧ 将螺旋桨安装在电机上。

图2-15　电池安装

图2-16　电调与飞控的连接

注意事项：

完成装配与调试之前，禁止安装螺旋桨，完成全部调试后，到合适的场地准备试飞时才可以安装螺旋桨。

任务 2.3 多旋翼无人机的调试

一、任务导入

完成多旋翼无人机机体的组装后,需要对多旋翼无人机进行整机的调试和校准。以 PixHawk 为例,对多旋翼无人机调试的实训操作以及多旋翼无人机校准注意事项进行介绍。

多旋翼
无人机调试

二、任务分析

1. 任务要求

① 学习并掌握多旋翼无人机调试的基本流程以及校准的基本注意事项。

② 学习并掌握多旋翼无人机调试过程中用到的计算机的基本常识、电学基本技能、单片机基本工作原理、无线电通信原理等。

2. 实施方法

(1) 理论教学

组织形式:以班级为单位进行双师云课堂或线下授课。

教学方法:采用多媒体教学,结合实物、挂图进行理论讲授。

(2) 实训教学

组织形式:学生分为若干小组,每组 4～6 人,进行分组实训。

教学方法:老师示范装配过程,然后进行巡回指导;学生分小组讨论、探究、轮流动手操作。

三、任务实施

第一步:知识准备

引导问题 1:多旋翼无人机需要调试的部分有哪些?

多旋翼无人机主要调试的部件有:电调、电机、飞控、遥控器等。

引导问题 2:多旋翼无人机调试需要的软件工具有哪些?

PixHawk 开源飞控常用到的软件有:Mission Planner 和 QGroundControl。QGround-Control 是 PixHawk 原版的固件,可以使用 PX4 原版的一些传感器。Mission Planner 中原有的固件是 APM 的固件,PixHawk 飞控固件程序需要在 PixHawk 官网自行下载。

引导问题 3:PixHawk 飞控各接口的作用有哪些?

飞控各接口作用如图 2-17、图 2-18、图 2-19 所示。

引导问题 4:PixHawk 飞控硬件设备有哪些?

PixHawk 飞控硬件设备主要有:

主处理器参数:32 位 STM32F427,主频 168 MHz,256 KB RAM,2 MB Flash。

备用处理器型号:独立供电 32 位 STM32F103 故障保护协处理器。

传感器:飞控同时搭载双加速度计传感器,可剔除单加速度计可能产生的混淆噪声,极大

1—Spektrum DSM接收机专用接口中；2—遥测：屏幕显示OSD(TELEM2)；
3—遥测：数传(TELEM1)；4—USB；5—SPI总线(串行外设接口)；
6—电源模块(接供电检测模块)；7—安全开关；8—蜂鸣器；9—串口；
10—GPS模块；11—CAN总线；12—I²C分路器或接指南针(罗盘)模块；
13—模/数转换器(ADC)6.6 V；14—模/数转换器(ADC)3.3 V；15—LED指示灯

图 2-17　飞控正面接口

1—输入/输出重置按钮；2—SD卡插槽；3—飞行管理重置按钮；4—Micro-USB接口

图 2-18　飞控侧面接口

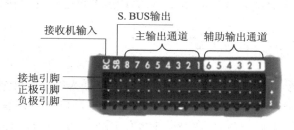

图 2-19　飞控后侧接口

改善飞行稳定性；搭载磁力计传感器，用于测量飞行航向角度；搭载陀螺仪传感器用于测量飞行姿态；搭载气压计用于测量高度；搭载 GPS 接收器用于测量无人机当前的位置。

第二步：实训操作

1. 作业准备

① 下载 Mission Planner 软件。

② 将 Mission Planner 软件安装在机架上的 PixHawk 飞控系统。

③ 调参专用数据线。

④ 调参电脑。

2. 操作过程

使用 Mission Planner 软件进行调试。

（1）飞控介绍

PixHawk 飞控是著名厂商 3DR 推出的新一代独立、开源、高效的飞行控制器（见图 2-20），前身为 APM 飞控。PixHawk 不仅提供了丰富的外设模块和可靠的飞行体验，有能力的爱好者还可在其基础上进行二次开发。飞控主板是一款基于 32 位 ARM 芯片的开源飞控，硬件和软件都开源，因此衍生出很多不同的软硬件版本。

图 2-20　PixHawk 飞控

（2）飞控调试

1）驱动和调参软件的安装

Mission Planner 是 Windows 系统上的自由开源软件，是 PixHawk 飞控地面站调参软件。在安装调参软件之前需要先安装微软的 Net Framework 4.0 组件，如果计算机已经安装了则不需要重新安装。安装 Mission Planner 时会同时安装 PixHawk 的 USB 驱动，安装过程比较简单，根据向导逐步安装即可。

操作步骤：

① 首先下载最新 Mission Planner 安装文件。

② 运行安装文件，并按向导执行即可。

③ 安装包将自动安装所需软件驱动，包括 DirectX plug-in，如遇特殊情况，请选择安装软件驱动即可。

④ 软件将安装到 C:\Program Files（x86）\APM Planner，并在"开始"菜单创建打开 Mission Planner 的图标。

⑤ 安装完毕后，即可启动 Mission Planner，启动后即可通过连接按钮，下载固件或连接飞控板。

⑥ 如果有升级版本，软件自动通知。

2）烧写固件

连接飞控时，将飞控与计算机连接，并查看设备管理器为哪个分配端口。然后打开调参软件，右上方端口选择下拉列表框，再选择对应的 COM 口，可以通过计算机设备管理器的端口查看驱动安装情况，一般正确识别的 COM 口都有 PX4 标识，直接选择带这个标识的 COM 口，波特率选择 115 200，然后单击"连接"按钮即可，如图 2-21 所示。

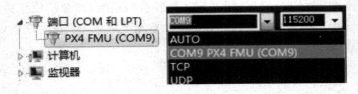

图 2-21　端口的选择

MP 提供两种方式安装固件：一种是手动模式；另一种是向导模式。向导模式会一步一步地以对话方式提示选择对应的飞控板、飞行模式等参数，虽然比较人性化、操作简单，但是有个弊端，即向导模式会在安装过程中检索端口，如果检索端口时因计算机性能的差异，导致端口无有效释放，后续的固件烧入会提示不成功，所以使用向导模式升级安装固件的错误概率比较大，建议使用手动模式安装。

操作步骤：

① 将飞控与计算机的 USB 线连接，如图 2-22 所示。

② 打开调参软件，单击"初始设置"按钮。

③ 单击"安装固件"按钮，在主画面上，选择 Initial Setup｜Install firmware 画面，选择恰当的飞行器图标，单击"确认"按钮即可（见图 2-23）。当 Mission Planner 探测到 PixHawk 后，需要先拔下飞控板，再次插入飞控板，数秒后单击 OK 按钮。

图 2-22　飞控与计算机连接

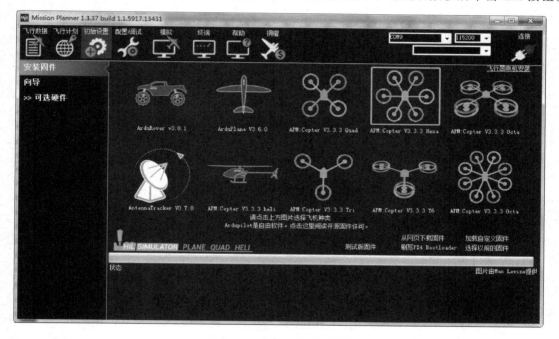

图 2-23　机型的选择界面

④ 满足 Boot Loader 接受下载新固件的请求。窗口右侧会自动从网络下载最新的固件并以图形显示固件名称以及固件对应的多旋翼无人机模式，在对应的多旋翼无人机模式的图片上单击。例如，对六旋翼无人机进行调试，就应该单击页面上第 4 个图标（见图 2-24），MP 就会自动从网络上下载该固件，然后自动完成连接 PixHawk→写入程序→校验程序→断开连接等一系列动作，无须人工干预。

⑤ 如果需要其他版本的固件，可以单击"从网页下载固件"按钮，下载其他版本的固件；如果想使用一个历史版本的固件，那么单击右下角"选择以前的固件"，出现一个下拉列表框，只要在下拉列表框里选择自己需要的固件就可以了，如图 2-25 所示。

⑥ 固件安装提示成功后，单击右上角的"connect"连接按钮连接 PixHawk，即可查看 Pix-Hawk 实时运行姿态与数据。

注意事项：

① 安装固件时需要将飞控与计算机的 USB 线连接，尽量使用飞控自带的数据线，如果出

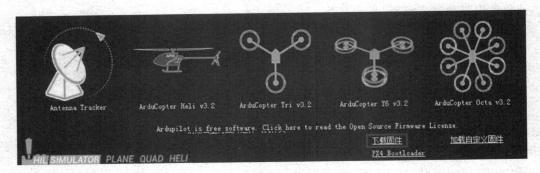

图 2-24　加载固件

图 2-25　写入固件

现连接不上,可能是数据线的问题。

② 请勿使用数传连接飞控安装固件,虽然无线数传跟 USB 有同样的通信功能,但缺少 reset 信号,无法在刷固件过程中使 Mega2560 复位,会导致安装失败。

③ 安装过程中勿断开数据线,严格按提示操作。

3. 飞控基本功能设置

(1) 加速度计校准

将水平桌面作为飞控校准时的水平垂直姿态参考。首先用双面胶将飞控主板正面向上固定于机架中心位置,然后连接飞控与计算机,打开 MP 并连接,单击安装固件下的"必要硬件"菜单,选择"加速计校准"选项,然后单击右边的校准加速度计,开始加速度计的校准,如图 2-26 所示。

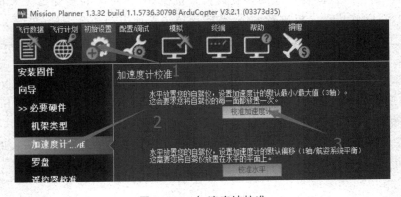

图 2-26　加速度计校准

操作步骤:

① 单击确认后会出现 Place vehicle level and press any key(请把飞控主板水平放置然后按任意键继续)提示。按键盘上的任意键可继续操作。

② 完成第一个水平校准动作后按任意键继续时,就会出现 Place vehicle on its LEFT side and press any key(请把飞控向左侧立然后按任意键继续)提示,此时请按提示的要求放置飞控板,注意飞控板上的箭头(机头)指向,后面的校准动作都将以此来辨别飞控板的前后左右。放好后,按键盘上的任意键继续操作。

③ 当地面站任务界面出现 Place vehicle on its RIGHT side and press any key(请把飞控向右侧立起然后按任意键继续)提示,单击屏幕上的"Click When Done"按钮继续操作。

④ 当地面站任务界面出现 Place vehicle nose DOWN and press any key(请把飞控机头向下垂直立起然后按任意键继续)提示,单击屏幕上的"Click When Done"按钮继续操作。

⑤ 当地面站任务界面出现 Place vehicle nose UP and press any key(请把飞控机头向上垂直立起然后按任意键继续)提示,单击屏幕上的"Click When Done"按钮继续操作。

⑥ 当地面站任务界面出现 Place vehicle on its BACK and press any key(请把飞控背部向上水平放置然后按任意键继续)提示,单击屏幕上的"Click When Done"按钮继续。

⑦ 当地面站任务界面当出现 Calibration successful(校准成功)提示后,说明加速度计校准完成,可以进行下一步指南针校准了,如图 2-27 所示。

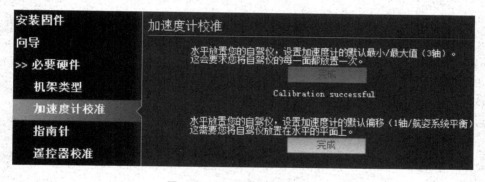

图 2-27　加速度计完成校准

⑧ 将飞控板水平放置在平面上,进行航姿系统平衡校准,飞控板放置水平后,电机完成,加速度计校准已经完成。

(2)指南针校准

PixHawk 飞控内部自带指南针,也可以外接带指南针的 GPS,可以选择使用内置指南针,也可以仅使用外置指南针,或者两者共同使用。两者共同使用时一定要同时校准,而且校准后外置指南针要标记方向,再次使用时不要改变安装方向,否则会导致解锁不成功。指南针校准如图 2-28 所示。

操作步骤:

① 选择初始设置指南针,如使用内置指南针则选第一个 PixHawk/PX4 开始校准。

② 沿各个轴对飞控进行圆周运动,至少延每个轴旋转一次,即俯仰 360°、横滚 360°、水平 360°,可以看到屏幕上的进程,如图 2-29 所示。

③ 校准完成后会提示指南针的补偿量,单击"OK"按钮完成指南针校准。如果觉得误差

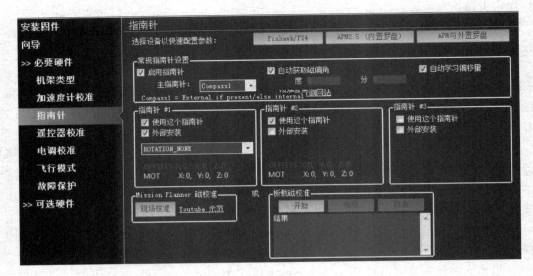

图 2-28　指南针校准

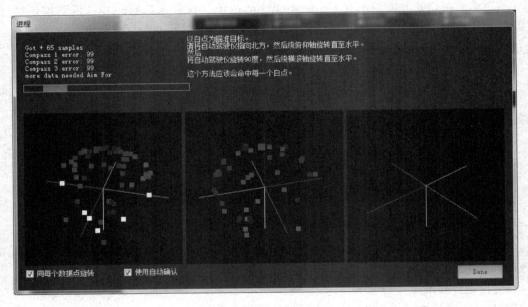

图 2-29　指南针校准方式

太大,可尝试重复校准一次。

　　(3) 遥控器校准

　　遥控器校准时需要连接接收机,具体连接可查看 PixHawk 连接安装图,然后打开遥控器发射端电源,接着单击 Install Setup(初始设置)→Mandatory Hardware→Radio Calibrated(遥控校准)→校准遥控按钮。单击遥控器校准后会依次弹出两个提示:第一个是确认遥控器发射端已经打开;第二个是接收机已经通电连接,确认电动机有没有通电,做这一步工作时,建议 PixHawk 只连接 USB 和接收机两个设备。遥控器校准界面如图 2-31 所示。

图 2 - 30　完成指南针校准

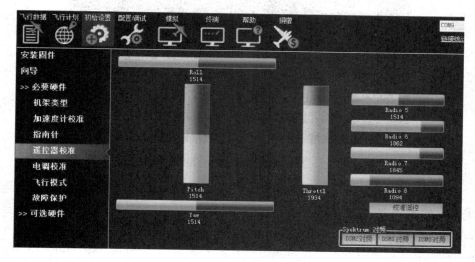

图 2 - 31　遥控器校准界面

操作步骤：

① 单击"确定"按钮,开始拨动遥控器开关,使每个通道的红色提示条移动到上下限的位置(见图 2 - 32)。

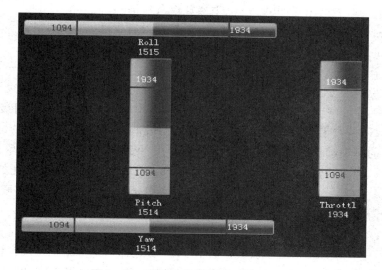

图 2 - 32　拨动遥控器摇杆到最大位置

② 当每个通道的红色指示条移动到上下限位置时，单击"Click When Done"按钮保存校准，弹出两个 OK 窗口后单击"OK"按钮完成遥控器校准（见图 2-33）。如果拨动摇杆时上面的指示条没有变化，应检查接收机连接是否正确，另外同时检查每个通道是否对应。

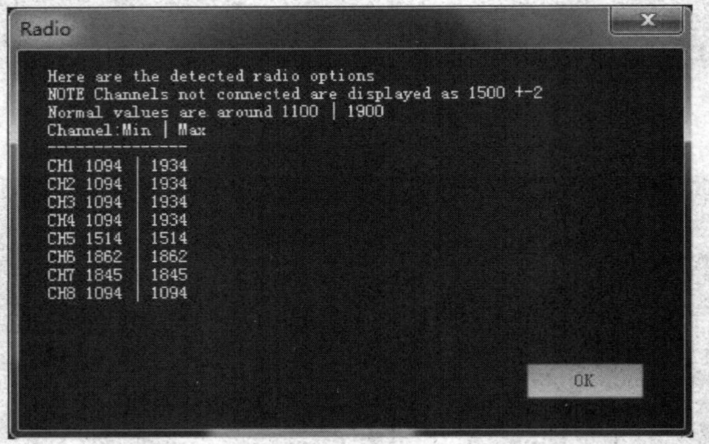

图 2-33 完成遥控器校准

（4）解锁设置

当完成遥控器校准、加速度计校准、指南针校准和油门行程校准后，就可以开始解锁设置了，因为此时还在调试阶段，为降低危险系数，无须装桨、无须接动力电池，只要连接 MP 或者查看 LED 是否成功解锁即可。只有当飞控只有处于 Stabilize、Aero、Alt Hold、Loiter 等模式时才能解锁；如果不能解锁，应检查飞行模式是否正确，一般情况下建议处于 Stabilize 模式下解锁。

飞控设置未成功常见的 3 种警告：
● PreArm：INS not calibrated（加速度计未校准成功）；
● PreArm：Compass not calibrated（指南针没有校准）；
● PreArm：RC not calibrated（解锁准备：遥控器没有校准）。

操作步骤：

① 解锁安全开关。安全开关解锁动作是先长按解锁开关，听到"嘀……嘀……嘀……嘀……"音乐后说明已安全解锁。

② 安全解锁后，再检测遥控第 3 通道最低值和第 4 通道最右值，即油门最低，方向最右。无论是左手油门还是右手油门，只要操纵摇杆使油门最低，方向摇杆最右（PWM 值最大）即可执行 PixHawk 的解锁动作。解锁成功后会听到一声"嘀……"的长鸣。需要注意的是，PixHawk 解锁以后，15 s 内没有任何操作时，PixHawk 会自动上锁。手动上锁方法：油门最低，方向最左（PWM 最低）。注意，并不是每次都能一次解锁成功，有时会听到"嗒嗒"两声，此时说明解锁失败，需要重新解锁。

（5）飞行模式设置

在实际飞行中，PixHawk 飞控板有多种模式可以选择，但一般一次只能设置 6 种，加上 CH7、CH8 的辅助，最多也就 8 种。为此，需要遥控器其中的一个通道支持可切换 6 段 PWM 值输出，一般以第 5 通道作为模式切换控制通道，当第 5 通道输出的 PWM 值分别在 0~1 230 ns、

1 231~1 360 ns、1 361~1 490 ns、1 491~1 620 ns、1 621~1 749 ns、1 750 ns 以上这 6 个区间时，每个区间的值就可以开启一个对应的飞行模式，推荐选用的 6 个 PWM 值是 1 165 ns、1 295 ns、1 425 ns、1 555 ns、1 685 ns、1 815 ns。

　　配置界面中的 6 个飞行模式对应的 PWM 值是否开启了简单模式超简单模式都是一目了然的，模式的选择只须在下拉列表框中选择即可。出于安全考虑，一般建议将 RTL（返航模式）设置为 0~1 230 ns，其他 5 个值可根据自己的遥控习惯自行配置，但有一个原则，即要保证模式切换开关随时能切换到 Stabilize（自稳）模式上。飞行模式设置界面如图 2-34 所示。

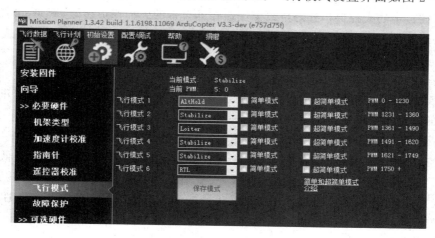

图 2-34　飞行模式设置界面

　　操作步骤：

　　① 如果遥控器具备飞行模式设置功能，就可以直接配置 PixHawk 飞行模式了。

　　② 如果遥控器不具备飞行模式设置，则只能配置 3 个或 2 个飞行模式；如果第 5 通道是 3 段开关，则只能设置 3 个飞行模式。如有需要可将第 5 通道开关改装成多段开关。

　　③ 配置飞行模式前同样需要连接 MP 与 PIX HAWK，单击"初始设置"菜单，选择"飞行模式"选项，就会弹出飞行模式配置界面，然后设置所需要的飞行模式。

　　④ 选择好 6 个模式后，单击"保存模式"按钮进行保存。设置 RTL（返航模式 PWM 值）为 0~1 230 ns，其他 5 个值可根据自己的遥控习惯自行配置，但有一个原则，即要保证模式切换开关随时能切换到 Stabilize（自稳）模式上。选择好 6 个模式后，单击"保存模式"按钮进行保存。

　　（6）电调校准

　　电调校准也可理解为油门行程校准，其目的是将油门行程和电调控制电动机的转速匹配起来。通常更换了电调、电动机，或者无人机严重撞击后，都需要重新校准。

　　操作步骤：

　　① 全部断电。

　　② 遥控器通电，油门保持最大。

　　③ 飞控通电（在此之前连接好电调、电动机，禁止装螺旋桨）。

　　④ 飞控正常启动完成，电动机"嘀嘀"粗响两声。

　　⑤ 飞控断电再通电，长响一声很粗的声音。

⑥ 按下安全开关按键,到灯变成长亮,电动机发出"嘀嘀"2声。

⑦ 油门拉到最低,电动机发出"嘀嘀嘀……嘀"4声。

⑧ 行程校准完毕,此时可以推高油门查看电动机转速增加效果。

(7) 故障保护

当无人机失控时自动采取的保护措施,通过 PixHawk 的失控保护菜单配置。触发 Pix-Hawk 失控保护的条件有两个——电量过低和遥控信号丢失。如果保护措施是返航,则必须安装 GPS,并且有卫星信号。

除了飞控自带的失控保护外还可以使用遥控器自带的失控保护功能,例如,设置遥控器接收机在失去遥控信号时,第 5 通道输出的 PWM 值使 PixHawk 切换到返航模式或者着陆模式,而油门通道保持失控前的值。

操作步骤:

① 电量过低的失控保护需要电流计实时监测电压,当无人机上的动力电池电压低于设定值时,启动低电量保护措施。当达到触发条件时,就可以启动失控保护措施选项了,失控保护措施选项有继续任务、LAND(着陆)、RTL(返航)等可选。

② 遥控信号丢失(油门 PWM 过低)的失控保护是监测油门 PWM 值是否过低来判断遥控信号是否丢失从而启动失控保护措施选项,主要监测遥控油门值 PWM 是否低于设定值。当达到触发条件,如遥控器电量过低无法正常工作或无人机飞行距离超出可控范围,就可以启动失控保护措施选项了。

4. 飞控进阶功能设置

(1) 基于 logs 诊断问题

飞行数据的记录有两种:一种是 Dataflash Logs 机载数据记录,适用飞行过后下载进行研究;另一种数据记录是对于 Copter 飞行器的,通电后即开始记录,即 Telemetry Logs 电台数据记录,通过电台记录飞行数据到 Mission Planner 地面站中,两者的数据基本一致。

① 机械故障:通常机械故障包括 ESC 故障、电机故障、螺旋桨损坏等,这些故障的表现为:设置的俯仰和滚转指令与测量的俯仰和滚转传感器数据出现巨大差异,这种不一致在 Dataflash Logs 中体现为数据的严重分离,如图 2-35 所示。

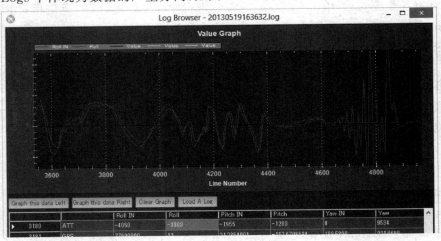

图 2-35 机械故障分析

② 机体振动:高频振动会引起 Copter 的加速度传感器基于高度和水平位置估计的漂移偏大,从而导致高度保持不稳定或盘旋出现漂移。振动数据可以从 Dataflash 数据的 IMU 数据中的 AccX、AccY、AccZ 数据看出,如图 2 - 36 所示。

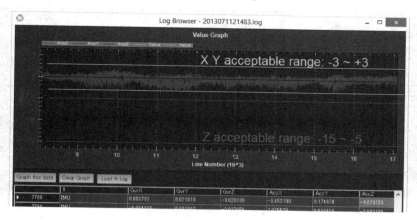

图 2 - 36　机体振动分析

③ 指南针干扰:指南针干扰通常是电源板分布导致磁场变化引起的,比如电源、电机、电调等引起的电磁场变化,可能引起指南针传感器问题而导致飞行方向错误,通过绘制 tlog 中的磁场值和油门数据 VFR_HUD,就很容易找到问题所在。图 2-35 中的图像显示的是,一种可以接受的电磁干扰,可见磁场值数据变化在 10% 和 20% 之间,油门迅速拉起后,一般低于 30% 的干扰都是可以接受的,30%～60% 的是模糊地带,也是可以接受的;在油门拉起后,mag_field 高于 60% 是绝对不可接受的。指南针干扰分析如图 2 - 37 所示。

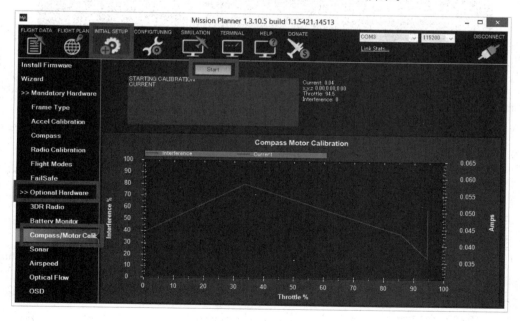

图 2 - 37　指南针干扰分析

④ GPS 故障:RTL、AUTO、Loiter 由 GPS 信号产生的位置误差可能引起 Copter 位置错

误,导致错误 Copter 疯狂地飞向错误的地点,故障会在 tlogs 和 DataflashLog 记录中体现,即卫星数量的减少和 hdop 的增加都会体现 GPS 故障分析如图 2-38 所示。

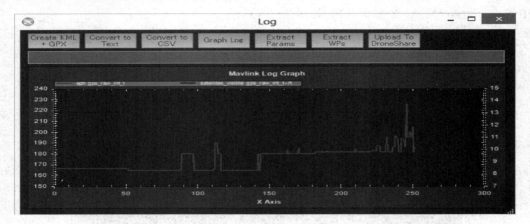

图 2-38　GPS 故障分析

⑤ 电源故障:电源模块提供可靠的电源,但也有失效的时候,例如,可从 logs 中看到 Copter 还在空中(气压计,惯性传感器测量高度数据)的时候,突然断电的现象。Dataflash、CTUN 消息中的 BaroALt、GPS 消息,ReALt、Tlog 中的 VFR_HUD alt、GLOBAL_POSITION、relative_alt 数据绘制曲线图如图 2-39 所示。

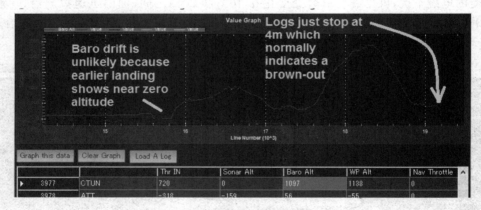

图 2-39　电源故障分析

(2)常用高级参数设置

常用高级参数设置中的全部参数如图 2-40 所示。

操作过程:

① 如果不想使用安全开关,可将其屏蔽,然后连接 MP 与 PixHawk,单击"Config/Tuning(配置调试)"菜单,选择 Full Parameter List,在参数表格中找到 BRD_SAFETYENABLE 参数,将默认值 1 改为 0 后,屏蔽安全开关,如图 2-41 所示。

② 关闭解锁怠速功能:如果对已经连接了电动机的电池进行解锁,解锁后电动机就会怠速运转,此时 PixHawk 已处于工作状态,请注意安全。这个功能的安全意义非常大,但如果不想使用这个功能,也可以关闭它。关闭方法:在参数表格中找到 MOT_SPIN_ARMED 参数,

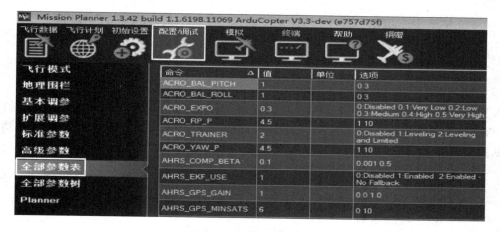

图 2-40　全部参数表

命令	值	单位	选项
BRD_SAFETYENABLE	1		0:Disabled 1:Enabled

图 2-41　安全开关设置

将数值改为 0，即可关闭解锁怠速功能，默认值为 70。改完以后不要忘记单击窗口右边的"写入参数"按钮进行保存，如图 2-42 所示。

命令 △	值	单位	选项
MOT_SPIN_ARMED	70		0:Do Not Spin 70:VerySlow 100:Slow 130:Medium 150:Fast

图 2-42　解锁怠速设置

③ 跳过自检解锁：PixHawk 的解锁有一项安全机制，即会提前检查陀螺、遥控、气压、罗盘数据，如果其中任何一个数据存在问题，比如，陀螺倾斜过大（机身没有放平）、气压数据异常等，PixHawk 就不能解锁，红色 LED 快闪将发出警告。如果不想使用这个自检功能，也可以设置跳过自检解锁，设置方法为：在参数表格中找到 ARMING_CHECK 参数，将数值改为 0 即可关闭解锁检查功能，默认值为 1。自检解锁是一个安全保护设置，一般情况下不要关闭这个功能，自检解锁设置如图 2-43 所示。

命令 △	值	单位	选项
ARMING_CHECK	1		0:Disabled 1:Enabled -3:Skip Baro -5:Skip Compass -9:Skip GPS -17:Skip INS -33:Skip Params/Sonar -65:Skip RC 127:Skip Voltage

图 2-43　自检解锁设置

④ 最少定点卫星数：AHRS_GPS_MINSATS 默认值为 6，当卫星个数大于等于 6 时可以进入定点模式，如图 2-44 所示。

⑤ 故障保护油门：FS_THR_VALUE 的默认值为 975，油门大于 FS_THR_VALUE 值

命令	△	值	单位	选项
AHRS_GPS_MINSATS		6		0 10

图 2-44　最少卫星数量设置

时正常飞行,油门小于 FS_THR_VALUE 值时进入故障保护状态,此值不能大于遥控器的最小值,否则认为遥控器输入信号无效,无法解锁;也不能小于关闭遥控器后的油门值,否则无法启动遥控器故障保护模式,如图 2-45 所示。

命令	△	值	单位	选项
FS_THR_VALUE		975	pwm	925 1100

图 2-45　故障保护油门

⑥ GPS 故障保护:FS_GPS_ENABLE 默认值为 1,在 GPS 没有信号时从定点降落。如果想让无人机在定点过程中 GPS 信号丢失则切换模式为定高,即把 1 改为 2,如图 2-46 所示。

命令	△	值	单位	选项
FS_GPS_ENABLE		1		

图 2-46　GPS 故障保护

⑦ 返航高度:RTL_ALT 默认值为 0,保持原高度返航。如果 RTL 设置太大,无人机会往天上飞;如果太低则容易撞到高楼大厦,返航高度设置如图 2-47 所示。

命令	△	值	单位	选项
RTL_ALT		1500	Centimeters	0 8000
RTL_ALT_FINAL		0	Centimeters	-1 1000

图 2-47　返航高度设置

⑧ 遥控器通道调整:RCMAP_*:RCMAP_PITCH 默认值为 2,表示 PITCH 在第 2 通道;RCMAP_ROLL 默认值为 1,表示 ROLL 在第 1 通道;RCMAP_THROTTLE 默认值为 3,表示 THROTTLE 在第 3 通道;RCMAP_YAW 默认值为 4,表示 YAW 在第 4 通道,遥控器通道设置如图 2-48 所示。

命令	△	值	单位	选项
RCMAP_PITCH		2		1 8
RCMAP_ROLL		1		1 8
RCMAP_THROTTLE		3		1 8
RCMAP_YAW		4		1 8

图 2-48　遥控器通道设置

项目核验

项目核验单						
班　级		姓　名		学　号		日　期

一、相关知识

1. 简述多旋翼无人机机体结构及各部分的组成。

2. 简述多旋翼无人机动力系统的组成及各器件的功能。

3. 简述多旋翼无人机的装配流程及各步骤的注意事项。

4. 简述多旋翼无人机的调试流程及各步骤的注意事项。

二、操作内容

1. 以 ZT－EM600 机型为例,进行多旋翼无人机机体结构及动力系统的装配训练,并详细记录装配过程及注意事项。

2. 以 PixHawk 开源飞控为例,完成对多旋翼无人机飞控调试及参数设置的调试训练,并详细记录调试过程及注意事项。

三、评价反馈

1. 自我评价

2. 学生建议

成绩评定			教　师	

项目3 多旋翼无人机任务系统装配与调试

【项目描述】

项目2介绍了多旋翼无人机机体装配流程之后,本项目将介绍多旋翼无人机任务设备的装配,多旋翼无人机飞行平台有特有的飞行特点,根据作业任务的不同所搭载的任务设备也有所不同,本项目主要对航拍任务设备和喷洒任务设备进行介绍。

航拍系统的
装配及调试

【项目要求】

① 了解多旋翼无人机适合搭载哪些任务设备进行作业。
② 了解航拍设备的组成,掌握云台的结构组成,了解云台调试的过程。
③ 掌握多旋翼无人机云台与航拍相机的安装,掌握相机设置的方式及工作原理。
④ 了解喷洒设备的组成,掌握喷洒设备的装配过程。

任务3.1 多旋翼无人机航拍设备装配

一、任务导入

航拍无人机在发展初期,人们直接将相机固定在飞行器上,这种方式虽然简单方便,但存在的不足是当飞行器飞行状态改变甚至是发生轻微抖动时,相机的画面也会同步抖动,大大影响了拍摄画面的质量。随着陀螺仪技术的不断成熟,陀螺仪的灵敏度和电机的补偿速度都有所提高,无人机在飞行时即使产生了一定幅度的抖动,拍摄的画面依然会很平稳。

二、任务分析

1. 任务要求
① 学习并掌握多旋翼无人机云台的基本结构、装配流程、各器件的工作原理。
② 学习并掌握多旋翼无人机云台及相机装配中用到的电学、电路焊接、力学分析、发动机装配、计算机应用等技能。

2. 实施方法
(1)理论教学
组织形式:以班为单位进行双师云课堂或集中讲授。
教学方法:采用多媒体教学,结合实物、挂图进行理论讲授。
(2)实训教学
组织形式:学生分为若干小组,每组4~6人进行分组实训。
教学方法:老师示范,然后进行巡回指导;学生小组讨论、探究、轮流动手操作。

三、任务实施

第一步：知识准备

引导问题 1：航拍任务系统有哪些部分组成？

多旋翼无人机的航拍多用于影视拍摄、纪录片拍摄，城市宣传片、自然景观拍摄等，常用的拍摄设备有相机增稳系统、拍摄设备、云台操控设备、无线相机调焦器等。

引导问题 2：相机增稳系统的功能有哪些？

相机增稳系统也称为机载云台，拍摄设备的增稳系统主要由无刷电机、陀螺仪传感器以及微控制器组成。云台是安装、固定摄像机的支撑设备，在多旋翼无人机飞行产生晃动和振动时起到稳定相机的作用，同时是实现摄像机姿态控制的装置。

引导问题 3：云台的组成结构图是什么样的？

云台整体结构如图 3-1 所示。

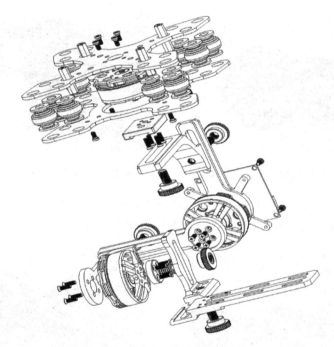

图 3-1　云台整体结构

第二步：实训操作

随着陀螺仪技术的成熟，多旋翼无人机开始发展起来，无人机云台的工作原理便是利用了多旋翼无人机利用陀螺仪平稳飞行的原理。当多旋翼无人机向某一角度倾斜时会被陀螺仪感应到，之后会利用算法迅速加强倾斜角度方向的电机动力，从而使无人机恢复平衡。一般无人机云台都能满足相机的三个活动自由度 X、Y、Z 轴旋转，每个轴心内都安装有电机，当无人机倾斜时，同样会配合陀螺仪给相应的云台电机加强反方向的动力，防止相机随无人机倾斜，从而避免相机抖动。

以 SimpleBGC32——开源三轴无刷云台为例,介绍多旋翼无人机云台的装配操作以及装配过程中的注意事项。

1. 作业准备

① 准备焊接所需的工具及材料:电焊台、焊锡丝、助焊剂、绝缘胶、扎带、剥线钳等。

② 准备装配中所需的工具:1.5 mm 内六角螺丝刀、尖嘴钳、螺丝胶、固体胶、3M 胶、扎带等。

③ 准备云台装配需要的配件:云台控制板、IMU 传感器、无刷电动机 3 个、电机支架 3 个、云台摇臂 3 块、云台上下中心板各个 1 块、减震球 4 个、消磁环及 I^2C 数据线、调参数据线、配套螺丝等。

2. 操作过程

SimpleBGC32 云台的装配步骤如下:

① 将电机支架分别固定在各自的无刷电机上,如图 3-2 所示。

② 将云台摇臂分别固定在各自的无刷电机上,如图 3-3 所示。

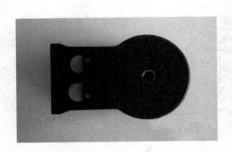
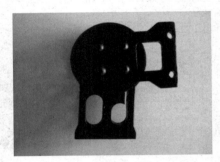

图 3-2　电机支架固定电动机上　　　图 3-3　云台摇臂固定电动机上

③ 将电机线以及 I^2C 数据线穿过无刷电机中心,如图 3-4 所示。

④ 将绕立轴旋转的无刷电机固定在云台下中心板上,如图 3-5 所示。

图 3-4　电机的接线及布线　　　　　图 3-5　安装云台下中心板

⑤ 将 JST 公头焊接在云台控制板的电源正负极上,如图 3-6 所示。

⑥ 将云台控制板固定在云台下中心板上,如图 3-7 所示。

⑦ 将三个无刷电机插在云台控制板对应的引脚上,IMU 传感器的数据线与云台控制板连接,如图 3-8 所示。

图3-6　焊接云台电源接口

图3-7　固定云台控制板

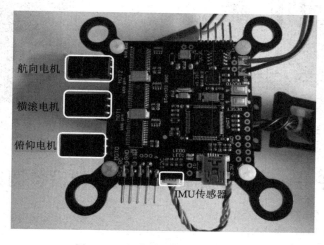

航向电机

横滚电机

俯仰电机

IMU传感器

图3-8　云台控制板的线路连接

⑧ 将绕纵轴旋转的无刷电机支架固定在绕立轴旋转的无刷电机的摇臂上,如图3-9所示。

⑨ 将绕横轴旋转的无刷电机支架固定在绕纵轴旋转的无刷电机的摇臂上,如图3-10所示。

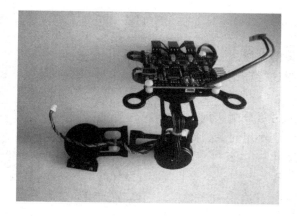
图3-9　绕立轴旋转电机的固定

图3-10　绕纵轴旋转的电机固定

⑩ 将固定相机的底座固定在绕横轴旋转的无刷电机的摇臂上,并将 IMU 传感器固定在相机底座上。IMU 传感器的安装如图 3-11 所示。

注意事项:IMU 需要安装的位置,要与相机托板轴平行,与每个轴必须水平或垂直,传感器测量到的数值与相机位置数据一致,否则会因为相机歪斜而引起拍摄的视频与地平线不水平。

⑪将相机固定在云台相机托板上,如图 3-12 所示。

图 3-11　IMU 传感器的安装　　　　图 3-12　相机的安装

任务 3.2　多旋翼无人机航拍设备调试

一、任务分析

1. 任务要求

① 学习并掌握多旋翼无人机的基本结构、装配流程及各器件的工作原理。

② 学习并掌握多旋翼无人机装配用到的电学、电路焊接、力学分析、发动机装配、计算机应用等技能。

2. 实施方法

(1) 理论教学

组织形式:以班为单位进行双师云课堂或集中讲授。

教学方法:采用多媒体教学,结合实物、挂图进行理论讲授。

(2) 实训教学

组织形式:学生分为若干小组,每组 4~6 人进行分组实训。

教学方法:老师示范,然后进行巡回指导;学生小组讨论、探究、轮流动手操作。

二、任务实施

第一步:知识准备

引导问题 1:云台控制系统是什么?

云台控制系统是以单片机作为控制系统的主控芯片结合各种传感器和执行机构而开发的

云台专用的控制系统。云台控制系统的控制功能主要包括两个方面：① 实现云台的自稳功能，也就是稳像功能；② 控制云台在空间方位的转动。若控制对象有可控部分，如相机的拍照和光圈的调节等，控制系统还应该对其有相应的控制功能。

引导问题 2：云台控制板各接线口的作用是什么？

云台控制板各端口如图 3-13 所示，各端口作用如下：

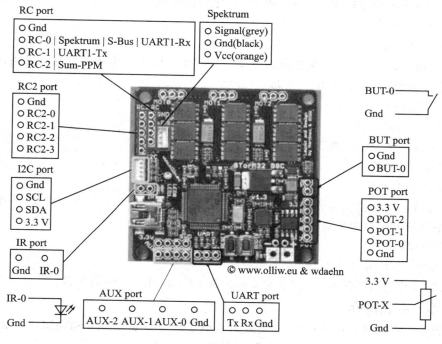

图 3-13   云台控制板各端口

（1）Mot 端口

① Mot0：俯仰无刷电机，控制相机向上或向下倾转，维持相机的稳定。

② Mot1：横滚无刷电机，控制相机水平方向稳定。

③ Mot2：航向无刷电机，控制相机向左或向右倾转，维持相机的稳定。

（2）I^2C 端口

插针：GND、SCI、SDA、3.3 V。

功能：连接 IMU 传感器模块，输入相机姿态位置信息。

（3）RC 端口

插针：GND、RC-0、RC-1、RC-2。

功能：根据参数设置、开发的需要可以输入 PWM 信号，设置控制功能，通常是接收机的输出信号端。输入脉冲为 1~2 ms，脉冲波长范围为 -500~+500 μm，输入脉冲的频率最高可达 430 Hz。PIN RC-0 可以读取 Spektrum 接收机的输入信号或 Futaba S-bus 接收机的输入信号。PIN RC-2 可以配置 PPM 型的输入信号。

（4）RC2 端口

插针：GND、RC2-0、RC2-1、、RC2-2、RC2-3。

功能:支持接收机的 PWM 信号输入。通常 RC 接收器连接到 RC2 端口,输入脉冲为 $1 \sim 2$ ms,脉冲波长范围为 $-500 \sim +500$,输入脉冲的频率最高可达 430 Hz。

（5）POT 端口

插针:GND、POT-0、POT-1、POT-2、3.3 V。

功能:POT-0、POT-1、POT-2 这三个插针是连接到数字转换器处理器的,可以读取到模拟信号,并将模拟信号转换为 -500 和 $+500$ 之间的数值。

（6）Spektrum 端口

插针:3.3 V、GND、信号

功能:连接 Spektrum 卫星接收机。需要注意的是 V1.1 版连接器本身不可用,但可以通过信号线连接访问 Spektrum RC-0 端。

（7）红外端口

插针:GND、IR-0。

功能:可以连接一个红外遥控相机。

（8）UART 端口

插针:GND、Rx、Tx。

功能:标准串口与控制器通信,串口波特率设置为 115 200 b/s,NO 校验位,一个停止位,通信协议细节可参阅技术手册。

（9）SWD 端口

插针:GND、SWDI0、SWCLK、3.3 V。

功能:编程控制器连接端口,使用的是连接器 ST-Link/V2 编程工具。

第二步:实训操作

云台装配完成后进行调试操作,多旋翼无人机云台的调试主要以 STorM32-BGC 主控制板和 IMU 三轴传感器为例介绍云台调试,以及调试过程中的注意事项。

1. 作业准备

① 准备调试设备:V1.x STorM32 主控制板、USB-TTL 适配器、IMU 三轴传感器、运动相机。

② 准备调试工具:调试电脑、USB 数据线、十字螺丝刀、杜邦线。

③ 准备调参软件安装文件:o323BGCTool 程序安装文件。

2. 操作过程

云台的调试采用 STorM32 主控制板 V1.X 版本作为调试对象,调试过程包括:固件更新、主控制板的连接、基本参数设置、传感器校准、云台校准等。

（1）固件更新

① 将 USE-to-serial 适配器连接到云台控制板上,如图 3-14 所示。电脑自动安装 USB 驱动程序,打开设备管理器,在端口处查看是否有 Silicon Labs CP210x USB to UART Bridge,记住设备的 COM 口,并断开与计算机的连接,将云台控制板重启。

② 将 USB-TTL 适配器与标有 RC 的引脚上的 STorM32 板连接,如图 3-15 所示。固件通过 RC 引脚写入到主控制板,通过 USB 供电或者直接引入 5 V 电源。USB-TTL 适配器与主控制板连接的关系如下:

● 主控制板 RC-GND=GND→将其连接到 USB-TTL 适配器的 GND。

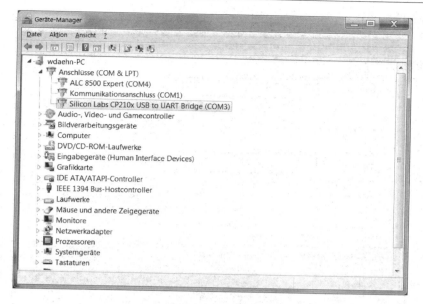

图 3 – 14　选择端口

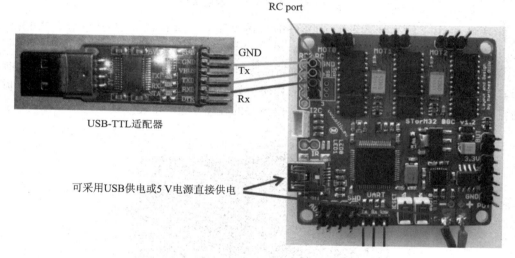

图 3 – 15　USB – TTL 适配器与主控制板连接

- 主控制板 RC – 0＝Uart1 – Rx→将其连接到 USB – TTL 适配器的 Tx。
- 主控制板 RC – 1＝Uart1 – Tx→将其连接到 USB – TTL 适配器的 Rx。

③ 在 STorM32 官网下载最新的程序,并解压运行程序,本任务使用的程序的版本为 o323BGCTool_v056。

④ 在软件界面中,单击最右侧的 Flash Firmware 选项卡,如图 3 – 16 所示,然后在 Board 组合框中选择主控制板版本(如果未列出所须版本,可选择最接近的版本)。在 Selected Firmware Hex File 中更改将要使用的固件文件;在 STM32 Programmer 中查看是否选择了 System Bootloader @ UART1 选项。仔细检查固件版本字段中是否选择了最新固件版本。务必选择正确的固件版本,否则电路板将无法正常工作。

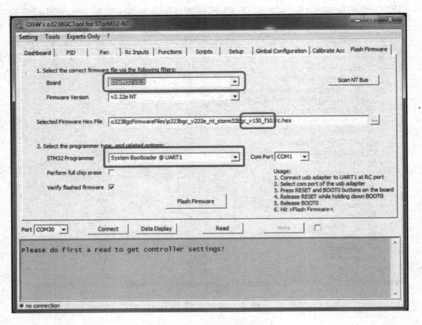

图 3 - 16 固件烧写参数的选择

⑤ 选择 USB - TTL 适配器的 COM 端口,通过界面中间的 Com Port 单击下拉框以查看当前所有可用的 COM 端口,连接到 USB - TTL 适配器对应的 COM 端口。

⑥ 主控制板上有两个按钮,即启动和复位按钮,如图 3 - 17 所示。当主控制板启动时,微控制器会首先执行检查是否启动键按下的程序。如果启动键按下,则进入引导加载程序模式,否则开始正常操作。按下复位键则会使主控板中的程序重置。

图 3 - 17 主控制板上的两个按键

⑦ 检查前面步骤无误后,可以单击 Flash Firmware 按钮,执行固件写入的操作,如图 3－18 所示。然后打开 DOS 框,查看程执行的进度,如果一切正常将显示下载完成和验证固件成功提示。固件烧写完成后,将 STorM32 断电重新启动即可。

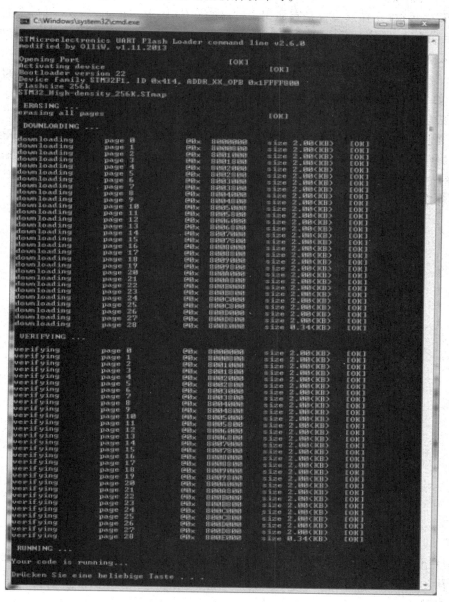

图 3－18　验证固件烧写是否成功

注意事项:

固件烧写过程中可能会出现一些故障,如果固件烧写不成功,逐步排除以下问题即可。

① 主控制板没通电源:通过 USB 将电路板连接到计算机为其供电。

② 标有 UART 的引脚用于闪烁:这是错误的,必须使用 RC 引脚。

③ 在工具中选择了错误的串行端口。

④ 黑色 DOS 框未显示:通常发生这种情况是因为未提取固件. zip 文件。

⑤ 上面的步骤运行,黑色 DOS 框显示前两个"OK"消息,但下载和验证消息行不存在,固件不闪烁:转到删除读写保护。

⑥ 验证失败:首先仔细检查是否使用了过时的 GUI 版本。否则,单击"执行全芯片擦除"复选按钮并重复操作。注意:这也将删除其他设置;如果需要,可使用"设置"菜单中的选项预先将设置保存到文件中。

⑦ 为了测试 USB - TTL 适配器是否正常工作,可以将 Rx 和 Tx 引脚相互连接,并使用终端程序(如 HTerm)。发送字符,能立即收到信号则说明工作正常。

2. 主控板的连接

① 现在将 USB 数据线插入 STorM32 板为其供电。单击端口选择器的下拉列表时,显示如图 3 - 19 所示信息。如果 USB 数据线已经连接到 STorM32 板,则将其断开重新连接。单击左下角的 Port 选择器并记录下列表信息。如果初次使用,电脑会自动安装 STorM32 板的 USB 驱动程序。

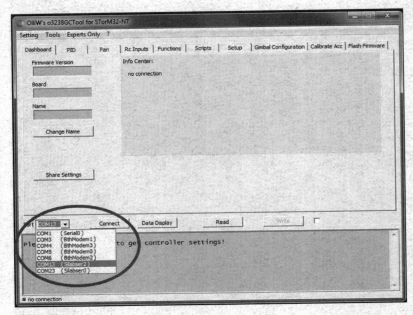

图 3 - 19　连接选择对应端口

② 转到 GUI:单击 Main 选项,然后单击 Connect 或 Read 以验证与主控制板的连接,如图 3 - 20 所示。

注意事项:

① 如果连接不上可能的问题有:选择了错误的 COM 端口,解决办法为找到电脑的设备管理器,找到对应的 COM 端口,重新连接即可。

② 如果还是连接不上主控制器,也可能是固件版本和配置软件版本号不匹配,更换其他版本的固件即可。

3. 基本参数配置

① 在 GUI 的 Gimbal Configuration 中找到 IMU 方向,如图 3 - 21 所示,然后设置电机极

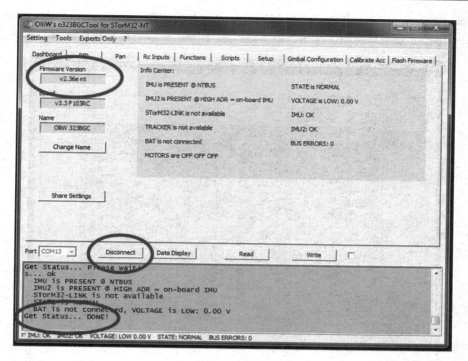

图 3 - 20　验证连接是否成功

数，电机方向和电机启动位置等电机常用参数。单击运行 GUI 中的 Configure Gimbal Tool 即可。

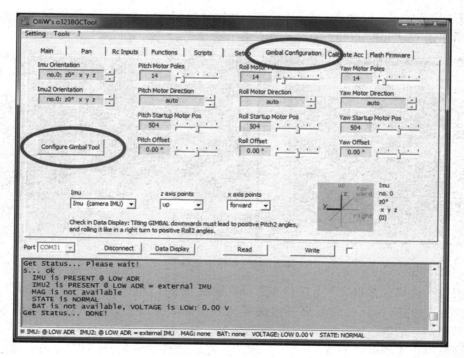

图 3 - 21　选择配置云台工具

② 弹出新的窗口,在此界面可以选择需要配置的参数如图 3-22 所示,单击 Continue 按钮进行下一步操作。基本参数配置分为步骤 I 和步骤 II,完成这些参数配置后可以实现基本功能。

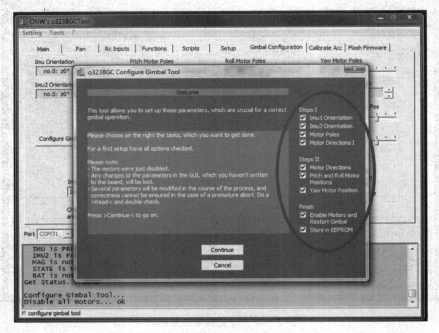

图 3-22 配置基本参数窗口

③ 手动调节相机摆放角度,使其处于水平位置并指向直升机的前进方向,如图 3-23 所示。调整完角度后云台应处于水平归中位置,并保证各轴误差小于 15°,相机应处于正前方位置,完成后单击 Continue 按钮进行下一步操作。

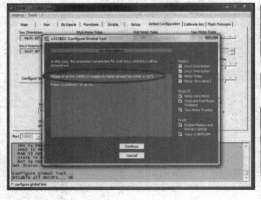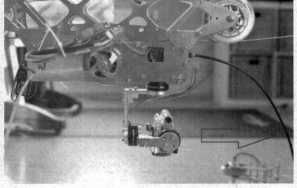

图 3-23 相机水平放置

④ 将整个框架包含相机向下倾斜 45°,可以使整个机身和相机都指向下方,如图 3-24 所示。需要注意的是,保证云台与机身的相对位置不能改变,因为这是校准云台前倾 45°时,IMU 信号所产生的值。

⑤ 设置每个无刷电机的极数,输入电机厂商提供的数据信息,比如 N12P14,表示电机的极数为 14 极,如图 3-25 所示。

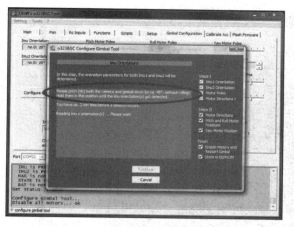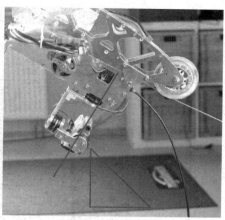

图 3 - 24　相机下俯 45°角放置

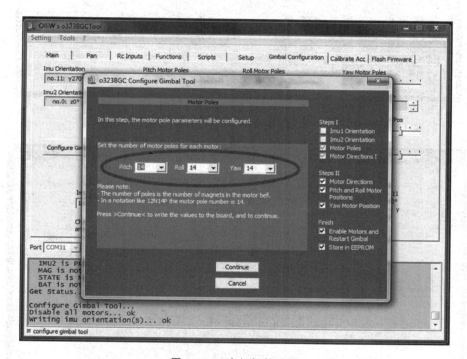

图 3 - 25　电机极数设置

⑥ 对三轴云台进行供电参数设置,连接电池使各轴电机启动,如图 3 - 26 所示。GUI 软件将自动检测各轴电机是否正常,根据界面提示信息连接电池。

⑦ 校准三轴云台初始方向角。例如相机指向正前方,单击按钮调节相机角度,直到相机转动到合适的位置为止,如图 3 - 27 所示。操作此步骤要将相机与第二个 IMU 角度对齐,只有在相机与第二个 IMU 精确对齐的状态下才能正常工作。

⑧ 基本参数设置校准完成,单击 OK 按钮关闭向导,如图 3 - 28 所示。要使基本参数永久存储,必须将数据保存在控制板可编程只读存储器中,其他参数存储在非易失性存储器中即可,然后可重新启动云台进行测试。

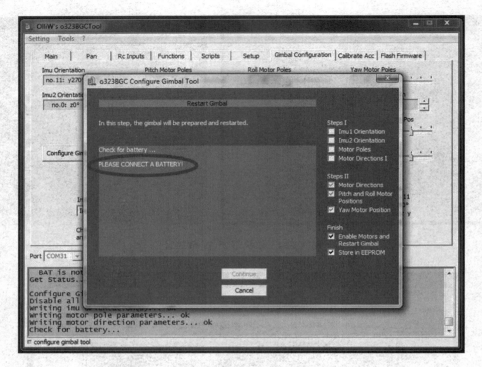

图 3 - 26　三轴云台供电校准

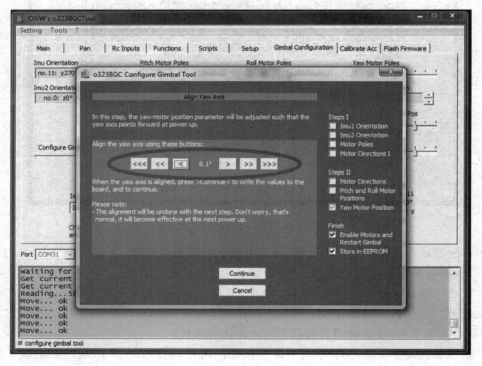

图 3 - 27　云台初始方向校准

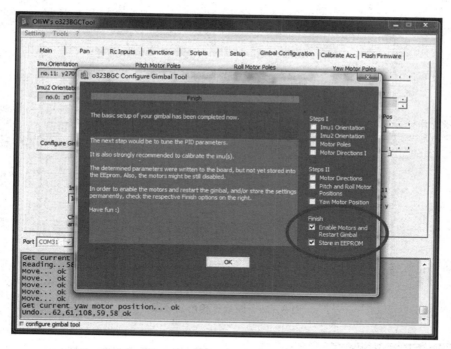

图 3 - 28　保存设置的基本参数

注意事项：

基本参数配置过程中可能会出现一些问题，如果设置不成功，逐步排除以下问题即可。

① 电机是否与正确的端口连接。

② 电线断线或连接不良，导致电机无法正常工作。

③ IMU 无法正常工作，因为它们连接到错误的端口。

④ 由于电机和 I^2C 电缆的布线不合适而发生 I^2C 错误。

⑤ 只有重新启动控制器之后，重置的数据才能生效。

4. 传感器的校准

① 在传感器校准前首先必须清除重置陀螺仪的数据，如图 3 - 29 所示，进入 Calibrate Ace 界面，操作重置清除保存即可。

② 陀螺仪传感器有两种校准方式，一种是一面校准（Run 1 - Point Calibration）如图 3 - 30(a)所示，另一种是六面校准（Run 6 - Point Calibration）如图 3 - 30(b)所示，在陀螺仪校准过程中，应当保持传感器处于较精准的水平状态，当数值小于 100，并且没有变化时，即可完成陀螺仪传感器的校准。

注意事项：

① 传感器的 Z 轴最好向上或向下安装。

② 使用磁极数 12P 或 14P 的电机，第二传感器做一面校准即可，磁极数多的电机需要做精准的六面校准，六面校准工具如图 3 - 31 所示。

③ 陀螺仪传感器做六面校准时，建议将陀螺仪传感器固定在各面平整的六面体上，使陀螺仪传感器各面在校准时保持水平一致。

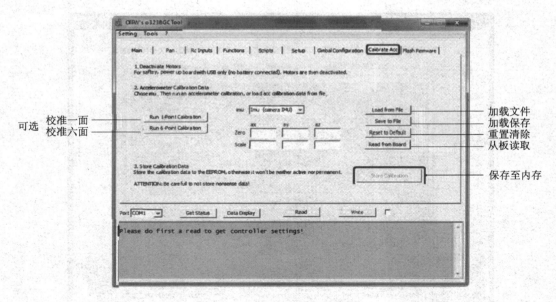

图 3-29 陀螺仪传感器校准

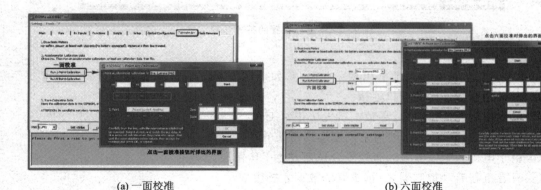

(a) 一面校准　　　　　　　　　(b) 六面校准

图 3-30 陀螺仪传感器校准

5. 云台重心校准

在调整云台架之前需要对云台重心进行平衡校准，云台重心的平衡校准就是对相机重心安装位置的确定。云台重心的校准关键是对三个万向节电机轴的中心的确定，以及云台框架重心的确定。

① 云台俯仰重心的校准，见图 3-32。首先是对前后重心的校准，沿 Y 轴前后移动，当相机移动到随意改变俯仰角度都可以回到垂直水平面的角度时，前后方向的重心即校准完成。然后是对上下重心的校准，沿 Z 轴上下移动，将相机移动到随意改变俯仰角度都可以实现

图 3-31 六面校准工具

保持当前角度不改变时，标记相机当前在 Z 轴上的位置，此时俯仰方向的重心即校准完成。

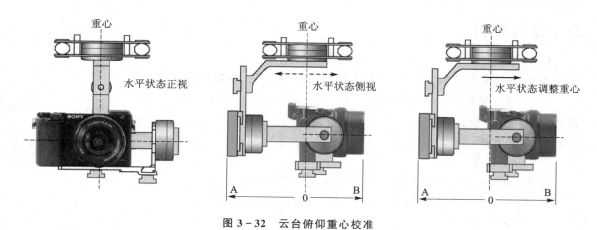

图 3 - 32　云台俯仰重心校准

　　② 云台横滚重心的校准。当水平放置云台时,若发现相机向右倾斜,则说明云台横滚方向未校准好。将相机沿 X 轴左右移动,当相机移动到改变到任意横滚角都可以保证当前角度不变时,标记相机当前在 X 轴上的位置,横滚方向的重心即校准完成。

　　③ 云台方向重心的校准,如图 3 - 33 所示。将云台支架整体前倾,若发现云台后部向下,则说明云台的方向重心未完成校准。将云台沿 Y 轴前后平移,倾斜云台支架,当相机移动到改变到任意航向角都可以保证当前角度不变时,标记相机当前在 Y 轴上的位置,横滚方向的重心即校准完成。

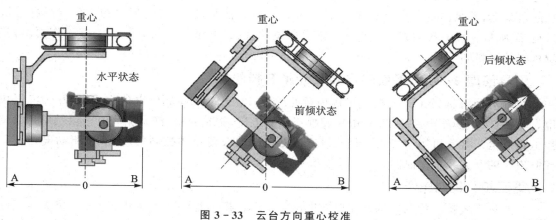

图 3 - 33　云台方向重心校准

任务 3.3　多旋翼无人机喷洒设备装配

一、任务导入

　　多旋翼无人机药物喷洒,具有作业高度低,雾滴飘移少等特点,并且旋翼机产生的向下的气流有助于增加雾滴对作物的穿透性,可以将药液雾滴喷洒到植物叶片的背面,喷洒效果好。近年来无人机药物喷洒已经被广泛的应用到农业植保领域,喷洒系统的结构装配技术已经成为无人机装配技术的一个重要的应用项目。

二、任务分析

1．任务要求

① 学习并掌握多旋翼无人机的基本结构、装配流程、各器件的工作原理。

② 学习并掌握多旋翼无人机装配过程中用到的电学、电路焊接、力学分析、发动机装配、计算机应用等技能。

2．实施方法

（1）理论教学

组织形式：以班为单位进行双师云课堂或集中讲授。

教学方法：采用多媒体教学，结合实物、挂图进行理论讲授。

（2）实训教学

组织形式：学生分为若干小组，每组 4～6 人进行分组实训。

教学方法：老师示范装配过程，然后进行巡回指导；学生小组讨论、探究、轮流动手操作。

三、任务实施

第一步：知识准备

引导问题 1：喷洒系统主要由哪些结构组成？

多旋翼无人机的工作系统有：药箱、软管、液泵、喷杆、喷头以及无线开关等。其中药箱挂在起落架上，液泵固定在药箱上，药箱出口通过软管和液泵进口连接，液泵的出口与喷杆进液口连接，喷杆上设有压力式雾化喷头。液泵与电源连接，并采用无线开关控制其工作通断，实现远程控制喷洒。

引导问题 2：喷洒系统的电路设计是怎样的？

控制器采用 ATmega16 单片机作为微处理器，以 12 V 聚合物锂电池作为电源，为液泵供电，并通过 5 V 稳压电路将 12 V 电压转换成 5 V 电压，为接收机、液泵驱动电路以及单片机主控电路供电。接收机用于接收远程无线遥控器发送的农药喷洒控制信号，液泵驱动电路用于控制液泵的开关及工作时间。

第二步：实训操作

多旋翼无人机装配的实训操作以 YRX410 10 kg 载荷飞行平台为例介绍多旋翼无人机喷洒装配步骤、装配技术及装配过程中的注意事项。

1．作业准备

① 准备喷洒系统结构装配主要材料：力成喷头、015 号喷嘴、快速连接头、喷头支杆座、T 型三通快速接头、喷头支杆碳管、药箱、铣铁龙 60 W 高压电动隔膜泵、机体支架、机体支架橡胶套、鸭嘴脚垫。

② 准备喷洒系统结构装配辅助材料：一字连接片、M4 圆柱、ABS 塑料隔离柱、M3×16 半圆头不锈钢内六方螺钉、M3×25 半圆头不锈钢内六方螺钉、M4×20 半圆头不锈钢十字螺钉、M4×12 半圆头不锈钢内六方螺钉、M4×16 半圆头不锈钢内六方螺钉、M6×35 不锈钢半圆头内六方螺钉、不锈钢铆钉、Φ8 mm PU 气管、Φ12 mm PU 气管、M3 自锁螺母、M3 蝶形螺母、3×100 尼龙扎带、魔术扎带、生胶带、M3×2 基米顶丝、Φ4 mm 平垫。

③ 准备装配所需的工具：剪管钳、管钳、十六方套筒、L 扳手、300 mm 钢板尺、手电钻、斜口钳、直柄扳手、不锈钢麻花钻头、手电钻等。

2. 操作过程

（1）药箱组装

药箱组装操作步骤如下：

① 取下药箱底部的 L 型气动插头，在螺纹处顺时针缠 6 圈生胶带，然后再安装到药箱底部，并用手拧紧。

② 把一字连接片用 M4×12 半圆头不锈钢内六方螺钉和 M4 圆柱 ABS 塑料隔离柱固定在药箱顶部，扎上魔术扎带，然后打开药箱盖去掉进气孔堵塞和白色垫圈。

③ 将高压电动隔膜泵用 M4×16 半圆头不锈钢内六方螺钉和 Φ4 mm 垫片固定在药箱上，泵的方向和药箱加水口方向一致，去掉高压电动隔膜泵进、出水口的红色密封盖，如图 3-34 所示。

注意事项：

● 注意生胶带的缠绕方向。
● 魔术扎带粘连处靠近药箱加水口，粘连面朝外。
● 水泵的方向和药箱加水口方向一致。

（2）药箱固定到机体上

将药箱固定到机体上的具体操作步骤如下：

① 将机体支架橡胶套分别固定在 4 个机体支架上（见图 3-35），另一端插入机体支架座中，机体支架座到机体支架橡胶垫的长度为 385 mm。

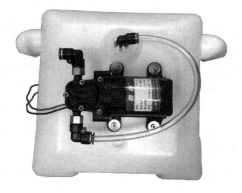

图 3-34 水泵与药箱的固定

图 3-35 药箱与机体的固定

② 药箱加水口方向位于 1、2 号机体支架之间，将药箱用 M6×35 不锈钢半圆头内六方螺钉和鸭嘴垫固定在机体支架上。

③ 用 Φ4 mm 的钻头手电钻将 1、3 号机体支架座正前方和两侧下面的孔打透，用铆钉枪打上直径为 4 mm 的不锈钢铆钉。

④ 用 Φ4 mm 钻头的手电钻将 2、4 号机体支架座两侧上、下面的孔打透，用铆钉枪打上直径为 4 mm 的不锈钢铆钉。

注意事项：

● 机体支架橡胶套固定在距离药箱安装孔较远的一端。

- 规定机头方向正前方的支架为 1 号机体支架,逆时针旋转一圈机头分别对应 1、2、3、4 号机体支架。
- 检查 1、3 号机体支架座是否在正前方和两侧下孔打铆钉。
- 检查 2、4 号机体支架座是否在两侧上、下孔打铆钉。
- 检查支脚座的铆钉边缘是否平整。

(3)喷洒系统的组装

① 将喷头卡箍用 M4×20 半圆头不锈钢十字螺钉紧固到喷头支杆热缩过的一端,喷头进水口向内侧,喷头卡箍端面与喷头支杆热缩端面平齐,如图 3-36 所示。

图 3-36 喷头与支架的安装

② 喷头支杆另一端缠 4～5 圈大约 50 mm 生胶带,然后插入喷头支杆座上,喷头支杆水平,喷头垂直向下,在喷头支杆座第二个孔处用 Φ3.2 mm 不锈钢麻花钻头打通,用 M3×25 半圆头不锈钢内六方螺钉和 M3 蝶形螺母固定,顶丝孔安装 M3×2 基米顶丝。

③ 将组装好的喷洒支架用 M3×16 半圆头不锈钢内六方螺钉和 M3 自锁螺母固定在编号 2 和 4 的支架上,喷头支杆座的中心孔到支架端面的长度为 160 mm。

④ 分别截取长 130 mm 和 200 mm、直径为 12 mm 的 PU 气管两段,将长 130 mm 的 PU 气管一端连接到药箱 L 型气动插头上,另一端连接水泵进水口,用管钳将螺母拧紧,将长 200 mm 的 PU 气管一端连接水泵出水口,用管钳将螺母拧紧,另一端连接 T 型三通快速接头。

⑤ 分别截取长 800 mm 和 410 mm、直径为 8 mm 的 PU 气管两段,将长 800 mm 的 PU 气管一端连接右喷头快速接头,另一端连接 T 型三通快速接头,将长 410 mm 的 PU 气管一端连接左喷头快速接头,另一端连接 T 型三通快速接头,用扎带扎好。喷洒系统的整体装配如图 3-37 所示。

注意事项:

- 保证喷头支杆水平,喷头垂直向下,露在外面的生胶带要处理干净,喷头支杆座的中心孔到支腿端面的长度为 160 mm。
- 喷头活动卡箍端面与喷头支杆热缩端面平齐。
- 检查喷洒系统组装件表面是否有裂痕、划痕、缺损、污渍。
- 检查喷头活动卡箍端面与喷头支杆热缩端面是否平齐。
- 检查喷洒支架是否稳固,喷头是否转动。

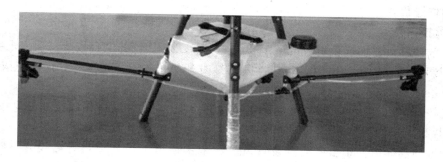

图 3-37　喷洒系统的整体装配

任务 3.4　多旋翼无人机喷洒系统调试

一、任务导入

植保无人机的调试是整个植保无人机工作前的必要环节。在无人机完成机体硬件组装后,需要对水泵供电洒水测试、喷洒模式的设置、喷幅大小、流速大小等基本问题的调试。通过准确地调试才可以在实际作业中保证高效、准确地完成作业任务。

二、任务分析

1. 任务要求

① 学习并掌握多旋翼无人机的基本结构、装配流程、各器件的工作原理。

② 学习并掌握多旋翼无人机装配中用到的电路焊接、力学分析、发动机装配、计算机应用等技能。

2. 实施方法

（1）理论教学

组织形式:以班为单位进行集中讲授。

教学方法:采用双师云课堂、多媒体教学,结合实物、挂图进行理论讲授。

（2）实训教学

组织形式:学生分为若干小组,每组 4～6 人进行分组实训。

教学方法:教师示范,然后进行巡回指导,学生小组讨论、探究、轮流动手操作。

三、任务实施

第一步:喷洒系统的调试操作

1. 作业准备

① 准备调参使用的 FlySky - i10 遥控器以及接收机。

② 准备参数设置的计算机,并安装调参软件 Finix200M。

③ 准备发射电台、接收电台。

2. 操作过程

（1）遥控器设置

① 将电台发射器插入供电单元 CAN6 接口,带 USB 接口的电台接收器插入电脑,打开对应飞机遥控器,接通锂电池电源,当 LED 闪红灯时开始自检,LED 闪蓝灯自检完成并且正常后,进行下一步调参。

② 遥控器主页面设置。设置发射机低位报警电压为 3.7 V,外部低位报警电压为 43 V,内部低位报警电压为 4 V,信号低位报警强度为 4。

③ 设置辅助通道。单击遥控器设置,进入"辅助通道",由 5 通道开始设置,通道 5 辅助 1:SwD 向上,通道 6 辅助 2:SwA 向下,通道 7 辅助 3:旋钮 VrB,连接高压隔膜水泵 T 型接头,通道 8 辅助 4:SwF 中间,单击向上测试高压隔膜水泵是否工作,通道 9 辅助 5:SwH 向上。辅助通道设置如图 3-38 所示。

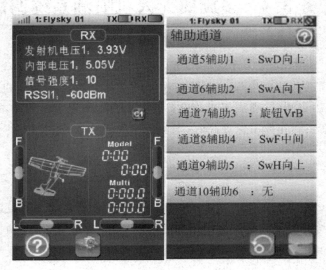

图 3-38　辅助通道设置

④ 单击"遥控校准",然后再单击"使能配置",在遥控界面上单击"最大舵量",由通道 5 开始设置,进入通道 5,拨动 SwD 开关 2 号位置,单击"记忆微调",将遥控器上"记忆微调通道 5"数值调节至+20%,返回主界面,进入系统,将系统声音、报警声音、自动关机勾选然后返回,进入接收机设置,将低信号报警勾选,打开失控保护,然后返回,再进入通道 5,将 SwD 拨至 3 号位置,遥控器画面点到低端,将电脑中的 I5 数值调至-345,进入失控保护页面,并显示"通道 5辅助 1:-25%"。返回主界面,再进入通道 5,拨动 SwD 开关,1 号高端调至 88%,3 号低端调至 84%,再返回主页面,去掉遥控电池,观察到电脑 I5 通道显示-345 后,再安装遥控电池并打开遥控器,如图 3-39 所示。

⑤ 进入通道 6,遥控器拨动 SwA 开关,将遥控器高端调至 88%,低端调至 80%,然后返回到主界面,单击"线性混控"进入混控 1,混控通道改为通道 9 辅助 5,被混控通道改为通道 6 辅助 2,单击返回。再进入曲线混控,先开启混控 1,混控通道改为通道 9 辅助 5,被混控通道改为通道 6 辅助 2,单击曲线,将低端调至 100%,3 端至右下角,再单击返回。混控设置如图 3-40 所示。

(a) 失控保护设置   (b) 航机最大行程序设置

图 3 - 39   失控保护与舵机最大行程设置

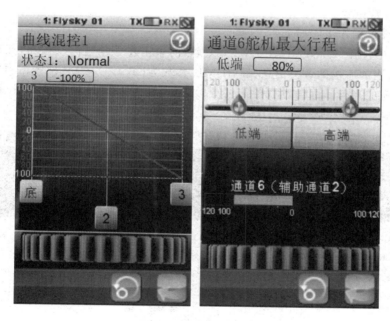

图 3 - 40   混控设置

⑥ 进入通道 7,将遥控器 VrB 旋钮高端调至 88%,低端调至 80%,进入显示舵机通道 3 (油门)并将其调至中位,单击电脑调试软件"开始校准"按钮,将遥控器摇杆循环拨动到各个行程极限处,重新将通道 3 调至中位,单击"完成校核"按钮,如图 3 - 41 所示。

注意事项:
● 如果 LED 红灯一直闪烁,可移动 GPS 罗盘调试。
● 检查水泵是否能正常工作。

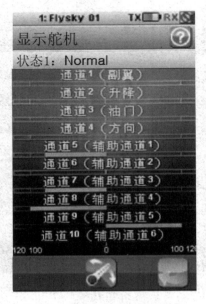

图 3-41 舵机行程量校准

（2）基本参数设置

基本参数设置操作步骤如下：

① 在电脑中打开 AssistantMP-V2.0.0 软件，单击左下角"打开"按钮，然后单击"获取"按钮，即可读取当前飞机的各类信息，设置 IMU 参数为（0，0，0），GPS 位置（-17，0，-33），单击"更新"按钮完成。若坐标任意数值需要更改，再单击"获取"按钮即可进行设置，然后单击"更新"即可，如图 3-42 所示。

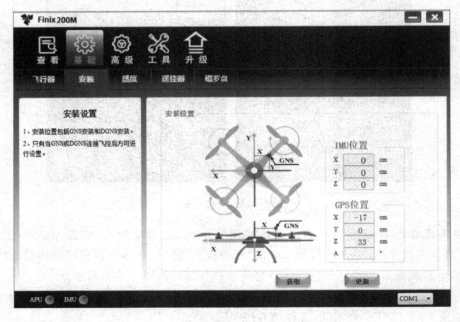

图 3-42 IMU 参数设置、GPS 参数设置

② 机型选择。单击"飞机类型",然后单击"获取"按钮,药物喷洒无人机应选择"V6"机型,其他参数不修改,单击"更新"按钮完成即可。若要改变飞机类型,则单击"获取"按钮,获取值仍为"V6"机型,然后修改机型即可,如图3-43所示。

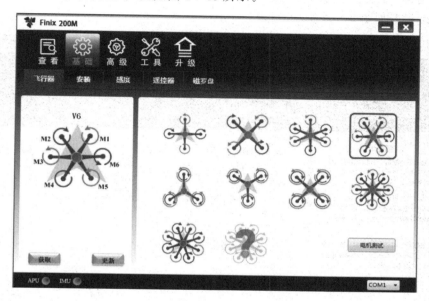

图 3-43　机型选择

③ 喷洒设置。单击"喷洒设置",然后单击"获取",喷洒参数设置垄长 500 m、最大纵向速度 6 m/s、垄宽 3 m、最大侧向速度 3 m/s,再单击"更新"即可完成。若要改变设置参数,再单击"获取",获取进行设置即可。喷洒设置如图3-44所示。

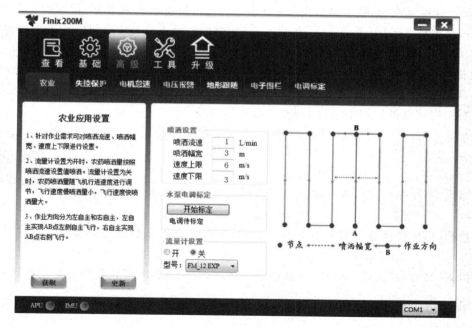

图 3-44　喷洒设置

④ 飞行感度设置。单击"感度",再单击"获取",设置俯仰基础 80%,姿态 120%,横滚基础 80%,姿态 120%,稳定感度俯仰 120%,横滚 120%,侧速限幅 4 m/s,若获取值与需要的参数相同则不用再设置,单击"更新"完成即可,此时任意更改设置值,再单击"获取"时设置值不变。飞行感度设置如图 3-45 所示。

图 3-45 飞行感度设置

⑤ 断开锂电池电源,拔出供电单元 CAN6 口电台,将飞机机翼展开,接通锂电池电源,完成自检后,将拨动 SwD 开关调至 3 端,启动飞机,操作测试飞机各个电机运转姿态,并观察;保持油门中位不变,稍微抬高 2、4 机臂,观察 2、3、4 机臂电机减速时,稍微抬高 1、6 机臂,观察到 1、5、6 电机减速,再稍微抬高 1、2 机臂,观察 1、2 机臂电机减速,则稍微抬高 3、4 机臂,观察 3、4 机臂电机减速,然后将飞机放置平稳,油门拉杆拉至最低端关闭飞机,然后重新启动飞机,油门放置中位,保持电机工作 10 min,观察飞机电机状态。

⑥ 关闭飞机,断开锂电池电源,关闭遥控器,将各个设备归位,摆放整齐。

注意事项:

① 测试"失控保护"时,遥控器必须断开所有电源,然后观察电脑中 I5 显示数值是否为-345。

② 校验时,舵机通道3(油门),必须在中位,遥杆必须推至最顶位和最低位。

③ 检查油门拉杆最低位时,电机是否停止转动,如果电机不停止转动则需重新校验遥控。

喷洒系统的装配及调试

项目核验

<table>
<tr><td colspan="8" align="center">项目核验单</td></tr>
<tr><td align="center">班　级</td><td></td><td align="center">姓　名</td><td></td><td align="center">学　号</td><td></td><td align="center">日　期</td><td></td></tr>
<tr><td colspan="8">

一、相关知识

　1. 简述多旋翼无人机航拍系统结构及各部分的组成。

　2. 简述多旋翼无人机航拍系统调试流程及各步骤的注意事项。

　3. 简述多旋翼无人机喷洒系统结构及各部分的组成。

　4. 简述多旋翼无人机喷洒系统调试流程及各步骤的注意事项。

二、操作内容

　1. 以 SimpleBGC32 云台控制板、Firefly 8se 运动相机为例,进行对云台及相机装配及调试的训练,并详细记录装配与调试过程及注意事项。

　2. 以 YRX410 10 kg 载荷飞行平台为例,进行对多旋翼无人机喷洒系统装配及调试的训练,并详细记录装配与调试过程及注意事项。

三、评价反馈

　1. 自我评价

　2. 学生建议

</td></tr>
<tr><td align="center">成绩评定</td><td></td><td></td><td></td><td align="center">教　师</td><td></td><td></td><td></td></tr>
</table>

项目 4　固定翼教学训练机装配与调试

【项目描述】

随着智能化的发展,固定翼无人机逐渐出现在人们的视野中。固定翼无人机是目前工业领域应用最为广泛的飞行器,其具有其他类型无人机没有的优势。本项目使用的教学训练机是固定翼航模 X8,X8 是一款各项性能较为优异的航模,航模与无人机的区别在于航模以娱乐、竞技为主,应用为辅;无人机以应用为主,娱乐竞技为辅。本项目主要以固定翼航模为飞行平台,搭载固定翼飞行控制器,进行固定翼无人机的装配与调试训练,从而提高大家对固定翼无人机的认识。

【项目要求】

① 了解固定翼无人机的基本结构。
② 掌握平面翼型和剖面翼型参数。
③ 掌握动力装置的连接方法。
④ 熟悉固定翼无人机的各个舵面是怎么控制飞行器运动的。
⑤ 掌握无刷电机与有刷电机的区别。
⑥ 学会判断螺旋桨的正反桨。
⑦ 能够熟练拆装及调试教学训练机。
⑧ 掌握乐迪 Mini Pix 飞控调试方法。

任务 4.1　固定翼无人机基本结构认知

一、任务导入

固定翼飞行器简称固定翼无人机,是指由动力装置产生推力或拉力、由固定机翼产生升力、重于空气的航空器。一些固定翼航模的工作原理相比于其他飞行器较为简单,为了掌握固定翼无人机的装配与调试过程,首先要了解固定翼无人机的基本结构。本次任务的主要内容是掌握固定翼无人机的结构组成以及各结构的作用和参数。

二、任务分析

1. 任务要求

① 学习并掌握固定翼无人机的组成。
② 学习并掌握平面翼型参数和剖面翼型参数。

2. 实施方法

本任务以理论教学为主,其组织形式与数学方法如下:

组织形式:以班级为单位进行双师云课堂或线下授课。

教学方法:采用多媒体教学、结合实物、挂图进行理论讲授。

三、任务实施

引导问题 1:固定翼无人机由哪几部分组成?

常见的固定翼无人机由机翼、尾翼、机身、起落装置、动力装置等组成。

① 机翼:固定翼无人机的机翼被固定在机身上,且与机身处于同一平面。机翼的主要作用是产生升力,以支持飞行器在空中飞行,同时也可以起到一定的稳定作用。机翼上一般装有副翼、襟翼等可动翼面,操纵副翼可以使飞机滚转。襟翼通过改变翼型和增加机翼面积可以使升力增大。一些大型民航客机或战斗机的机翼上还可以安装发动机、起落架和油箱等。对于不同用途的无人机的机翼大小、形状也各有不同。

② 尾翼:尾翼是安装在飞机尾部的一种装置,可以增强飞机的稳定性。大多数飞机尾翼包括水平尾翼和垂直尾翼,水平尾翼由水平安面和升降舵组成,垂直尾翼由垂直安定面和方向舵组成。有些高速飞机把安定面和舵面合为一体,称为全动平尾。还有一些特殊类型的尾翼,如 V 型尾,它是通过舵面差动的方式来控制飞机运动的。

尾翼有许多种分类,常见的有 T 型尾、倒 T 型尾、V 型尾等,如图 4-1 所示。

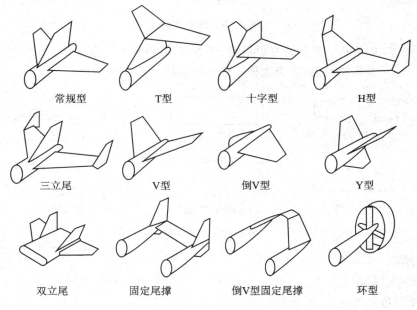

常规型　　　T型　　　十字型　　　H型

三立尾　　　V型　　　倒V型　　　Y型

双立尾　　　固定尾撑　　　倒V型固定尾撑　　　环型

图 4-1　尾翼类型

③ 机身:机身主要用来装载武器、货物、机载设备等,它将机翼、尾翼、起落架、动力装置连接在一起。但是一些小型固定翼无人机的机身只搭载一些线路、控制系统和动力装置等。机身按结构类型分为构架式机身、半硬壳式机身和硬壳式机身。

④ 起落装置:起落装置一般由减震支柱和机轮组成,作用是在无人机起飞、着陆滑跑、地面滑行时支撑飞机。还有一些没有起落架的固定翼航模,一般都由机身下部直接着陆,或者利用降落伞进行降落,如图 4-2 所示。

⑤ 动力装置：动力装置主要用来产生拉力或者推力，使无人机前进。根据无人机大小和用途的不同动力装置的类型也会改变，例如，一些固定翼航模上采用电动动力装置，而一些大型战斗固定翼无人机则使用油动动力装置。

固定翼无人机除了这五个关键的组成部分外，根据飞行器执行任务的需要，还会装有各类机载设备、保障设备等。

图 4－2 固定无人机翼开伞降落

引导问题 2：固定翼无人机翼型及翼型参数是什么？

1. 翼 型

固定翼无人机翼型有：剖面翼型和平面翼型。

① 剖面翼型：剖面翼型指的是翼型的剖面形状，无人机常见的剖面翼型有平凸型、双凸型和对称型，如图 4－3 所示。

平凸形　　　　　双凸形　　　　　对称形

图 4－3 剖面翼型

② 平面翼型：常见的平面翼型有梯形翼、平直翼、后掠翼和三角翼等，如图 4－4 所示。无人机一般采用矩形和梯形机翼，高速飞机一般采用后掠翼和三角形翼。

(a) 梯形翼　　　　　(b) 平直翼　　　　　(c) 后掠翼

(d) 三角翼　　　　　(e) 椭圆形机翼　　　　　(f) 前掠翼

图 4－4 平面翼形

2. 翼型参数

（1）剖面翼型参数

剖面翼型参数如图 4－5 所示。

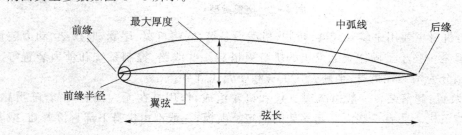

前缘　　最大厚度　　中弧线　　后缘

前缘半径　　翼弦

弦长

图 4－5 剖面翼型参数

① 翼弦:翼型最前端的一点叫机翼前缘,最后端的一点叫机翼后缘。连接机翼前缘到后缘的连线叫翼弦,翼弦的长度叫弦长。

② 相对厚度:翼弦垂直线与翼型上下翼面交点之间的距离称为翼型的厚度。厚度的最大值称为翼型最大厚度。翼型最大厚度与弦长的比值为相对厚度。相对厚度的大小表示翼型的厚薄程度。相对厚度大,表示翼型厚;相对厚度小,表示翼型薄。

③ 翼型中弧线:在翼型上下弧线之间,沿翼弦作垂线,连接这些垂线的中点所组成的弧线叫翼型中弧线。

④ 最大弯度:最大弯度是翼型中弧线到弦线之间的最大距离。

⑤ 相对弯度:相对弯度是最大弯度与翼型弦长的比值。相对弯度的大小表示翼型的弯曲程度。相对弯度大,表示翼型弯曲程度大;相对弯度小,表示翼型弯曲程度小。

⑥ 前缘半径:翼型前缘的外形多为圆弧形,圆弧的半径称为翼型的前缘半径。前缘半径的大小表示翼型前缘的尖钝程度。前缘半径越大,说明翼型前缘越钝;反之,越尖。

（2）平面翼型参数

平面翼型参数如图 4 - 6 所示。

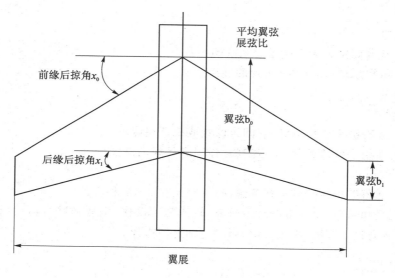

图 4 - 6　平面翼型参数

① 机翼面积:机翼在水平面内的投影面积叫机翼面积。

② 根尖比:机翼的翼根翼弦与翼尖翼弦的比值叫作根尖比。

③ 翼展:机翼左右翼尖之间的距离叫作翼展。

④ 机翼的几何平均翼弦:机翼的投影面积与翼展的比值叫机翼的几何平均翼弦。

⑤ 展弦比:机翼的翼展与平均翼弦的比值叫作展弦比。展弦比的大小表示机翼平面形状长短和宽窄程度。展弦比小,机翼短而宽;展弦比大,机翼窄而长。

⑥ 后掠角:表示机翼向后倾斜的程度。即机翼上有代表性的等百分比弦线同垂直于对称面的轴线之间的夹角。

引导问题 3：固定翼无人机的可动翼面有哪些？

固定翼无人机的可动翼面有：

① 副翼:控制飞行器左右滚转。

② 升降舵:控制飞行器俯仰。

③ 方向舵:控制飞行器偏航。

④ 增升装置:襟翼、缝翼。

⑤ 增阻装置:扰流板。

任务 4.2　固定翼无人机装配

一、任务导入

学会装配无人机是学习中较为重要的阶段,也是学生必备的技能,X8 的组装流程较为简单,大多是一些材料之间的粘黏以及动力系统的连接。本次教学训练机采用了乐迪 Mini Pix 飞控,对于初学者来学组装有一定的难度。

二、任务分析

1. 任务要求

① 学习并掌握固定翼无人机动力系统的参数。

② 学习并掌握乐迪 Mini Pix 飞控的连接方法。

2. 实施方法

（1）理论教学

组织形式:以班级为单位,进行双师云课堂或线下授课

教学方法:采用多媒体教学、结合实物、挂图进行理论讲授。

（2）实训教学

组织形式:对班级全体学生进行分组,每组控制在 6～8 人。

教学方法:老师示范,学生自行讨论研究,轮流动手操作,由教师进行巡回指导,并将问题反馈给老师。或老师示范后,学生分组操作,老师巡回指导。

三、任务实施

第一步: 知识准备

引导问题 1: 什么是舵机?

舵机是指在自动驾驶仪中操纵飞机舵面转动的一种执行构件,根据结构不同分为电动舵机和液压舵机。电动舵机由电动机、传动装置、线路等组成,通过信号线接受飞控的指令信号,操纵舵面或其他设备,如图 4-7 所示。液压舵机由液压传动器和活门组成,一般用于大型的设备或轮船上。

固定翼无人机常用到的舵机一般由舵盘、减速齿轮组、位置反馈电位计、直流电机、控制电路

图 4-7　舵　机

等组成,如图4-8所示。舵机的输出线共有三条,如图4-9所示,中间红色是电源线,一边黑色的是底线,这两根线给舵机提供最基本的能源保证,主要是保证电机的转动。另一根线是控制信号线,futeba的一般为白色,JR的一般为桔黄色。另外需要注意一点,SANWA某些型号的舵机引线电源线在两侧而不是中间位置,因此需要大家区分,但是一定记住红色是电源线,黑色是地线,这样一般是不会接错的。

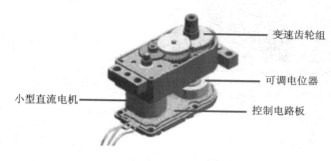

图4-8 舵机结构

图4-9 舵机线

舵机工作时,电路板接收来自信号线传输的控制信号,控制电机转动,电机转动后带动齿轮组,然后传动输出至舵盘。舵机的输出轴与位置反馈电位计是相互连接的,舵盘转动同时也会带动位置反馈电位计转动,电位计会将信号反馈给电路板,控制电路板根据反馈的信号决定电机的转动方向和速度,从而达到控制电机的目的。

引导问题2:无刷电机与有刷电机的区别?

电机分为无刷电机和有刷电机,它们在结构、使用等方面有很大的区别,如表4-1所列。

表4-1 无刷电机与有刷电机的区别

电机类别	两者区别		
无刷电机	定子是线圈,转子是磁极	采用交流电驱动	效率高、无碳损、寿命长
有刷电机	定子是磁极,转子是线圈	采用直流电驱动	效率低、有碳损、寿命短

引导问题3:螺旋桨怎么判断正反桨?

俯视螺旋桨,根据右手定则,右手四指指向螺旋桨的旋转方向,若大拇指指向拉力产生的方向,则为正桨,反之为反桨。

引导问题4:动力系统之间是怎么连接的?

首先电机的三根线连接电调香蕉头的一端,如图4-10所示,电调的另一端是否需要焊接在中心板上须视情况而定。中心板上会有电池的插口,电池连接在中心板的插口处,最后螺旋桨根据电机的转向来判断是装正桨还是反桨。

无人机动力系统的连接

引导问题5:乐迪Mini Pix飞控端口都连接什么?

如图4-11所示,POWER代表电源,连接电源管理模块;SAFETY表示安全,连接安全开关;BUZZER表示蜂鸣器,连接蜂鸣器;RC IN、RSSI接入SBUS信号;GPS/I²C接入GPS;TELEM1和TELEM2连接数传和图传;USB在调参时用于连接飞控与电脑;ESC连接电调

图 4 - 10 　电机与电调的连接

的信号线,注意正负极和信号通道。

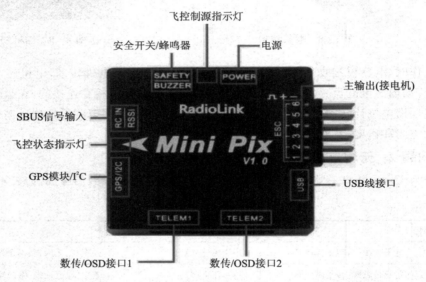

图 4 - 11 　乐迪 Mini Pix 飞控端口连接

第二步: 实训操作

1. 作业准备

① 将要组装的 X8 配件准备好。

② 将组装所需工具准备好。

2. 操作过程

具体操作过程如下:

① 将电调焊接在分电板上,如图 4 - 12 所示。

注意事项:

注意分电板正负极的标识,不要焊错,更不能使正负极焊锡连接;正负极焊锡连接会使电路短路,损害电路板,严重时会使电路板起火。在焊接的时候注意电烙铁不要烫伤自己及他人。

② 安装舵机固定架、机翼加强支撑架,如图 4 - 13(a)、4 - 13(b)所示。

固定翼教学
训练机组装

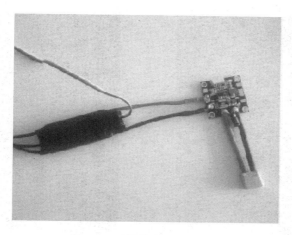

图 4 - 12　焊接电调与电路板

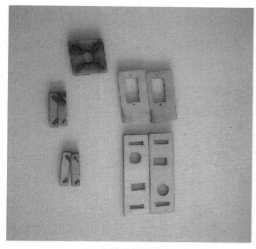

(a) 安装舵机固定架

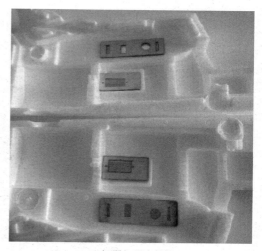

(b) 机翼加强支撑架

图 4 - 13　安装舵机固定架、机翼加强支撑架

注意事项：

由于舵机加强片为木质，应注意不要损坏。泡沫机身上有专门留出的孔位，安装时舵机加强片与机身部分要吻合，否则会导致舵机装不进去。由于舵机加强片与机身是由航模胶连接的，所以尽量一次性安装正确。

③ 粘贴安装舵角。分别安装 2 个副翼、1 个升降舵、1 个方向舵上的舵角，所有的舵角空位均指向机头方向，由于舵角的粘黏固化时间为 1 h 左右，后面安装舵机拉杆时需要拉动舵角，所以要提前安装舵角，如图 4 - 14 所示。

注意事项：

安装的时候所有的舵角空位均指向机头方向。

④ 固定舵机拉杆。根据舵机拉杆的长短、机翼线槽的位置来判断是升降舵还是方向舵，如图 4 - 15 所示。

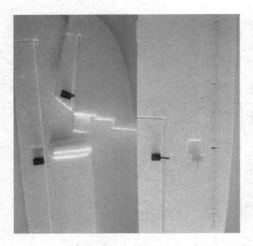

图 4 - 14 粘贴安装舵角

图 4 - 15 固定舵机拉杆

⑤ 安装副翼舵机、升降舵舵机、方向舵舵机。

a. 通电调整舵机中立位置(见图 4 - 16),将舵机的信号线插入接收机副翼通道,通电后舵机自动回到中立位置。

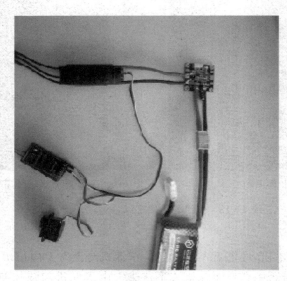

图 4 - 16 调整舵机中立位

注意事项:

连接电池时注意正负极连接是否正确,不然会烧坏电池,造成不必要的危险。电调信号线连接接收机时要注意正负极和信号线的位置,连接错误会通不了电。舵机的连接方法与电调信号线相同。另外在选电池时,要注意电池的放电电流大小,选择适配电调的电池。

b. 调整好舵机中立位置后,将要安装舵机臂涂上胶水,然后将舵机按照预留空位装入,舵机线可用胶水或者纸胶带固定在槽内,如图 4 - 17(a)、(b)所示。

⑥ 安装电机。

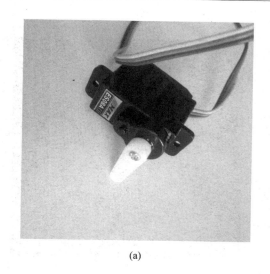
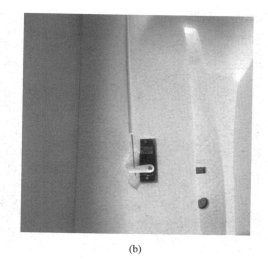

(a)

(b)

图 4 - 17 安装舵机

a. 使用 502 胶水黏合木质电机座,将装好的电机座用螺丝固定在电机上,如图 4 - 18(a)、4 - 18(b)所示。

(a)

(b)

图 4 - 18 黏合电机座

b. 在电机上涂抹泡沫胶,将木质电机座插入并粘住,如图 4 - 19 所示。

注意事项:

黏合电机底座的时候,注意要用螺丝紧固定,确保电机在高速运转时不会脱落。安装电机时,注意电机线预留槽的位置。电机转向可以通过任意调换两根电机线的连接来改变。

⑦ 连接 Y 线,如图 4 - 20 所示。

⑧ 安装电调、连接飞控。

a. 将电机与电调相连,将电调的信号线插入接收机的油门通道,然后进行电调油门行程量的校准(油门推到顶,通电,听到“滴滴”两声,然后油门拉到底,听到提示音后即完成校准),

如图 4 - 21 所示。

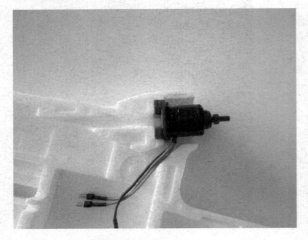

图 4 - 19　安装电机座

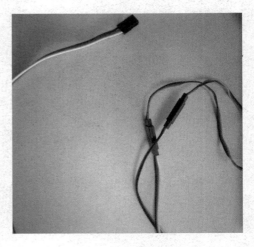

图 4 - 20　连接 Y 线

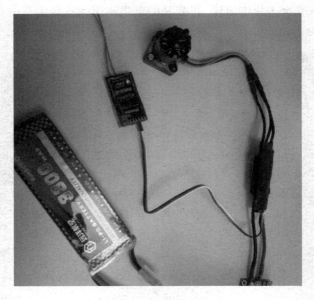

图 4 - 21　校准电调

注意事项：

校准电调时不要装桨，轻推油门查看电机旋转方向，从机头看电机应为逆时针旋转，如果反向，则把电机与电调的任意两根连接线进行对调即可。

b. 拔下电调信号线，将舵机线及信号线根据副翼、升降、油门、方向次序连接飞控，用杜邦线连接接收机 SUBS 通道和飞控 RCIN 接口，根据前面飞控连接方法依次连接飞控的其他插口，用魔术贴固定电调，并整理多余的线，如图 4 - 22(a)、图 4 - 22(b)所示。

注意事项：

由于 X8 机身内部空间较小，所以要把飞控放在合适的位置。所有连接飞控的线须用扎带进行固定，注意机身内部整齐。接收机的信号线通过机身下部引出并固定好，注意不要折

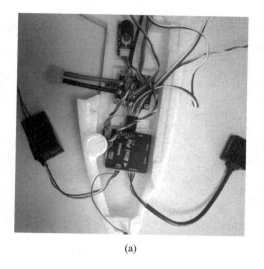

(a)

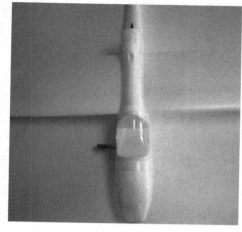

(b)

图 4 - 22　连接飞控

断。GPS 放置在机身外部,贴近机头部位即可。

　　⑨ 安装好后黏合机身和机翼。

　　a. 用泡沫胶水涂抹边缘粘黏机身,如图 4 - 23 所示。

　　b. 插入加强杆黏合机翼,如图 4 - 24 所示。

图 4 - 23　黏合机身

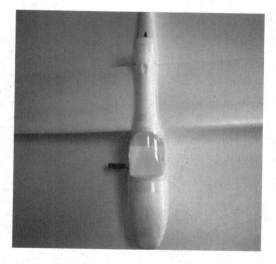

图 4 - 24　黏合机翼

注意事项:

机翼与机身连接的部位有合适的凹槽,但是也要注意要黏合牢固,保证飞行安全。

　　⑩ 安装舵机拉杆和机腹防磨垫。

a. 在机腹防磨垫上涂抹胶水,黏合在机腹处,如图 4 - 25 所示。

b. 把两根较短的拉杆装在机翼上,将 Z 字型一头插入舵机臂最外孔,如图 4 - 26 所示。

c. 在舵角处安装金属调节器,装好后用螺丝胶固定,防止脱落,如图 4 - 27 所示。

图 4 - 25　黏合机腹防磨垫

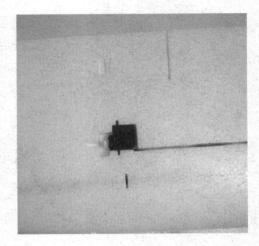

图 4 - 26　安装舵机拉杆

注意事项：

在装舵机拉杆和金属调节器时要调节舵面与机翼平行后，再进行黏合。在连接金属调节器时一定要用螺丝胶进行固定，因为金属调节器脱落会导致舵面失效、飞机失去控制。连接舵机摇臂与拉杆时，务必选择摇臂上合适的孔位。

⑪ 固定平尾和垂尾。

用泡沫胶把垂尾和平尾固定在机身上，确定牢固后安装舵机拉杆，安装方法与安装副翼方法相同，将 Z 字型一头插入舵机臂最外孔，通电调整舵面，然后安装金属调节器，并用泡沫胶固定，如图 4 - 28（a）、图 4 - 28（b）、图 4 - 28（c）所示。

图 4 - 27　安装金属调节器

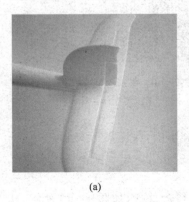

(a)

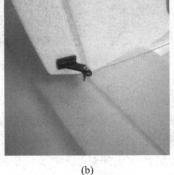

(b)

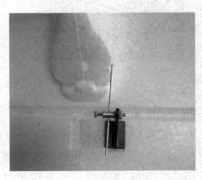

(c)

图 4 - 28　固定平尾和垂尾

⑫ 安装螺旋桨。将螺旋桨带字的一面朝机头方向安装,注意安装要牢固并且正确。先开遥控器再通电测试通道、舵面是否正常,如果发现舵面不平,要及时调整金属调节器进行修正。

注意事项:

安装螺旋桨前先检查螺旋桨是否有破损,避免在电机高速旋转时产生意外。安装螺旋桨时一定要检查是否通电,避免突然旋转伤害到自己及他人。

⑬ 贴图。依据个人喜好贴图,尽量贴得平滑一些,避免产生阻力,贴图效果如图 4-29 所示。

图 4-29　贴图效果

任务 4.3　教学训练机调试

一、任务导入

无人机的调试分为地面调试和飞行调试,调试的目的是为了使飞行更加稳定,保障飞行安全。本次任务以乐迪 Mini Pix 飞控以及一些飞行平台的调试为例,学习无人机调试的步骤和注意事项。

二、任务分析

1. 任务要求

① 学习并掌握固定翼无人机动力系统的参数。

② 学习并掌握乐迪 Mini Pix 飞控的连接方法。

2. 实施方法

(1) 理论教学

组织形式:以班级为单位进行双师云课堂或线下授课

教学方法:采用多媒体教学,结合实物、挂图进行理论讲授。

（2）实训教学

组织形式：对班级全体学生进行分组，每组控制在 6～8 人。

教学方法：老师示范，学生自行讨论研究，轮流动手操作，由助教进行巡回指导，并将问题反馈给老师；或老师示范后，学生分组操作，老师巡回指导。

三、任务实施

第一步：知识准备

引导问题 1：飞行平台调试分为哪几种？

1. 重心稳定性调试

从飞机的稳定性角度看，静稳定的飞机重心应当位于飞机气动重心之前，如冲浪者 X8，它的重心位置在机翼的前三分之一处。

2. 气动舵面调试

固定翼无人机气动舵面的调试主要是考虑舵面偏转方向是不是与操作方向一致，避免反舵情况发生。

3. 结构强度调试

结构强度的调试主要是通过操纵手的经验，对一些气动载荷较大的地方进行核验，同时还须使用专业的静强度测量方法测量，避免在飞行过程中发生意外。

4. 电子设备调试

固定翼无人机的电子设备有图传、数传、遥控器等，这些设备在起飞之前都要认真地进行测试，如遥控器须检查模型是否正确、发射接收信号是否正常、飞行模式是否正确、通道是否正确等。

引导问题 2：电动动力系统怎么调试？

电动动力系统在调试前应检查动力系统是否匹配，避免发生烧坏电机电调。具体调试有：

1. 电机转向

查看电机转向是否正确，切记测试时不要装桨，根据固定翼无人机是前推式还是后拉式来判断电机转向是否正确，如果发现不对，则对调任意两根与电调相连的线就可以改变电机的转向。

2. 油门行程量

开启遥控器将油门拨到最高点，给电调通电，等待 2 s，会听到"滴滴"两声，这是油门最高点确认音，将油门拨到最低点，等待 1 s，会听到一声"滴"，这是油门最低点确认音，然后会有一段音乐响起，此时电调校准完成。切记在校准电调时不要装桨，如果不对油门行程量进行校准，则有可能会导致油门杆量不准确而发生不必要的危险。

引导问题 3：乐迪 Mini Pix 飞控使用什么调参软件？

乐迪 Mini Pix 飞控使用的调参是 Mission Planner（简称 MP），装完 MP 和驱动之后，就可以启动 MP 主程序了，启动后呈现的是多功能飞行数据仪表界面，如图 4－30 所示。

驱动下载链接：https://dotnet.microsoft.com/download

软件下载链接：http://www.radiolink.com.cn/docc/minipixdimianzhan.html? spm＝a1z0d.66395

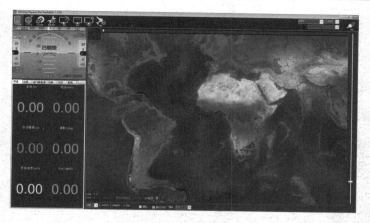

图4-30 Mission Planner 界面

引导问题4：乐迪 Mini Pix 飞控常用的飞行模式有哪些？

乐迪 Mini Pix 飞控常用的飞行模式有：手动模式、增稳模式、巡航模式、留待模式、返航模式等。

1. 手动模式

手动飞行模式下的无人机既不启动导航系统，也不启动自动驾驶仪中的传感器，完全凭借操纵者对遥控器摇杆舵量的控制来操纵飞行姿态。

2. 增稳模式

增稳模式主要有 FBWA 和 FBWB 两种。FBWA 是相对好用和相对简单的模式，适合经历尚浅的操纵者选用。FBWB 在控制机身水平时增加了控制高度，同时也限制了舵量的大小。

3. 巡航模式

巡航模式是自动控制高度、速度和方向的一个飞行模式，这个模式比 FBWB 好用的原因是增加了机头方向锁定功能。

4. 留待模式

留待模式是无人机开始定点绕圆圈盘旋的飞行模式，绕圈半径由设定的参数确定。

5. 返航模式

操纵者看不到无人机时，可以切换返航模式，然后无人机即可自动飞回起飞点。返航的高度是设定的参数值确定的。

第二步：实训操作

1. 作业准备

① 将所要调试的物品准备好。

② 保证飞控接口连接正确。

2. 操作过程

（1）飞控调试

① 打开 Mission Planner 软件，如图4-31所示。

② 刷写固定翼固件，并在消息栏中查看是否刷写成功，如图4-32(a)、4-32(b)、4-32(c)、4-32(d)所示。根据实际情况选择刷写官方固件或者外部固件，如果需要刷写历史版本固件，则单击"选择以前的固件"，选择自己需要的版本固件即可。

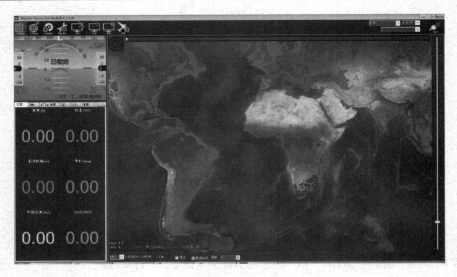

图 4-31 Mission Planner 软件界面

a. 选择刷写的机型。选择固定翼，单击刷写固件。

b. 刷写成功之后，拔下控制板，再次插入，数秒后单击 OK 按钮即可。

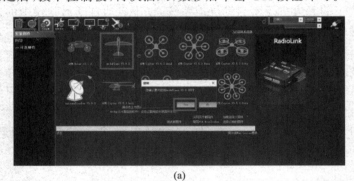

(a)

(b)

图 4-32 刷写固定翼固件

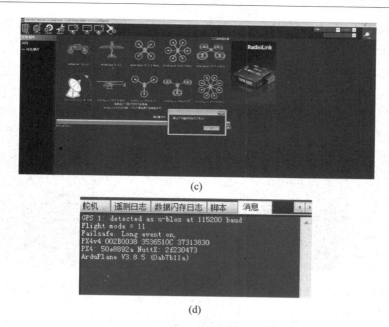

(c)

(d)

图 4 - 32　刷写固定翼固件(续)

注意事项：

- 刷固件时不要连接飞控。
- 不要使用无线数传安装固件,尽量使用飞控自带的 USB 数据线进行刷写,虽然无线数传跟 USB 有着同样的通信功能,但它缺少 reset 信号,无法在刷写固件的过程中给 Pix 复位,会导致安装失败。
- 保证网络状态良好。
- 注意观察固件下方是否存在数字版本号,如果没有,重启软件。
- 刷完固件之后,一定要在消息里面查看固件是否刷写成功。

③ 加速度计校准。根据提示分别将飞控朝规定方向放置进行校准,校准界面如图 4 - 33(a) 所示。

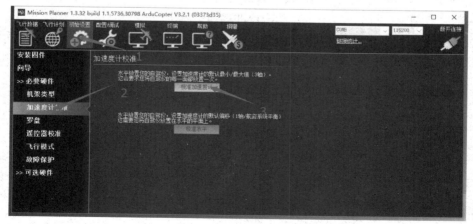

图 4 - 33(a)　加速度计校准界面

a. 调参界面提示 Place vehicle level and press any key 后,水平放置飞控(见图 4 - 33(b)),单击校准按钮即可。

b. 完成上一步校准之后会出现 Place vehicle on its LEFT side and press any key 提示,然后调整飞控左侧朝下(见图 4 - 33(c)),单击校准按钮。

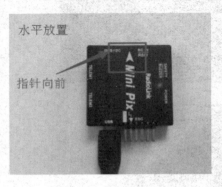

图 4 - 33(b) 加速度计校准 1　　　　图 4 - 33(c) 加速度计校准 2

c. 完成上一步校准之后会出现 Place vehicle on its RIGHT side and press any key,飞控右侧朝下(见图 4 - 33(d)),点击校准按钮。

d. 完成上一步校准之后会出现 Place vehicle nose DOWN and press any key 提示,然后将调整飞控头部垂直朝下(见图 4 - 33(e)),单击校准按钮。

图 4 - 33(d) 加速度计校准 3　　　　图 4 - 33(e) 加速度计校准 4

e. 完成上一步校准之后会出现 Place vehicle nose UP and press any key 提示,然后调整理飞控头部垂直朝上(见图 4 - 33(f)),单击校准按钮。

f. 完成上一步校准之后会出现 Place vehicle on its BACK and press any key 提示,然后调整飞控背面朝上(见图 4 - 33(g)),单击校准按钮。

图 4 - 33(f) 加速度计校准 5　　　　图 4 - 33(g) 加速度计校准 6

g. 完成以上操作之后会出现 Calibration successful,此时加速度计校准成功。

④ 指南针校准。指南针校准有两种方法:一种是使用板载校准,进度条显示;另一种是现场校准,球形显示。

第一种校准方法较为准确,当然第二种校准方法也可以判断硬件的好坏,以第一种校准方法为例,罗盘校准有两种硬件连接情况,第一种带罗盘的 GPS 模块使用外置和内置罗盘,第二种不带 GPS 的模块,使用内置罗盘,根据有无外置 GPS 连接飞控选择勾选指南针♯1 的外部安装。具体校准方法为:正面朝上旋转一周,正面朝下旋转一周,左边朝上旋转一周,左边向下旋转一周,头朝上旋转一周,头朝下旋转一周,如图 4 - 34(a)、(b)所示。当没有 GPS 连接时,校准界面如图 4 - 34(d)所示。

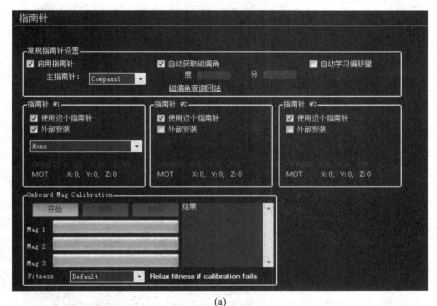

(a)

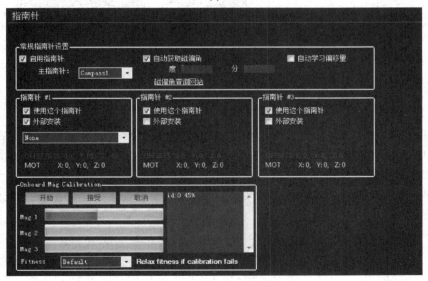

(b)

图 4 - 34　指南针校准

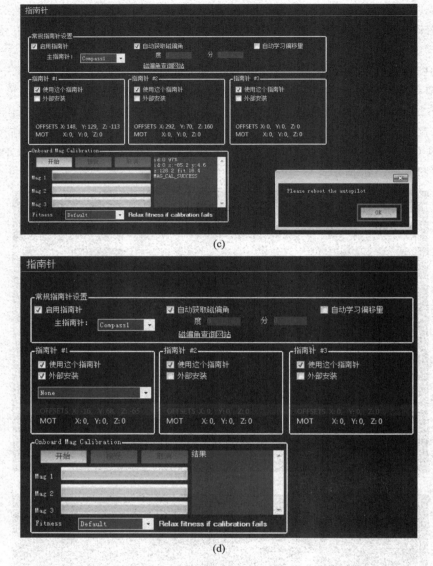

(c)

(d)

图 4-34 指南针校准(续)

注意事项:

- 当进度条完成 100 后,归 0 继续校准,说明此时校准动作或者安装附近有罗盘干扰因素,可以继续多次转动直到校准完成,或者设置 Fitness 选项为 Relaxed,此选项可让系统放松对罗盘的检查要求。
- 如果在校准转动过程中进度条没有发生变化,则要检查飞控硬件是否连接正确或者重启飞控。

⑤ 遥控器校准。

以乐迪 AT9S 遥控器为例进行校准操作(见图 4-35),如果发现通道反向,按 Mode 键,进入基础菜单,选择舵机相位;如果油门反向,按 Push 选中拨动拨盘选择到反向,按下 Push 选择保存,按 End 键退出即可,如图 4-36 所示。

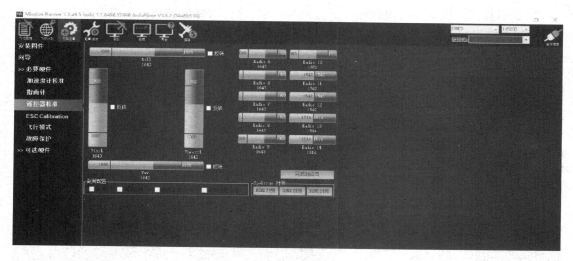

图 4 - 35　遥控器校准

【舵机相位】

	1：副翼	正相
	2：升降	正相
三通：油门	3：油门	反相
	4：尾舵	正相
反相　正相	5：姿态	正相
	6：辅助一	正相
九通：正相	7：辅助二	正相
十通：正相	8：辅助三	正相

图 4 - 36　调节通道正反向

⑥ 电调校准。在调试飞机之前就已经对电调行程量进行了校准,具体操作流程在软件界面中会有明确显示,如图 4 - 37 所示。

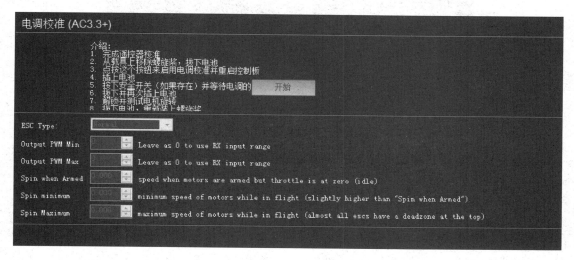

图 4 - 37　软件中的电调校准

⑦ 飞行模式。设置飞行模式 1、3、6 分别为手动(特技)、自稳、巡航,在遥控器中设置一个三挡拨杆为模式开关,如果三个挡位均达不到 Mission Planner 上每种模式的位置,则须打开遥控器,选择舵机行程量,改变模式开关通道的数值即可,如图 4-38 所示。

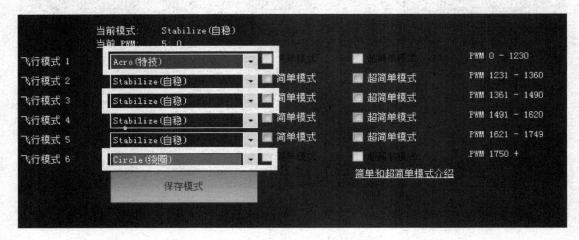

图 4-38　设置飞行模式

⑧ 失控保护。

a. 打开失控保护,单击 OK 按钮,确保飞机没有处在飞行中,如图 4-39 所示。

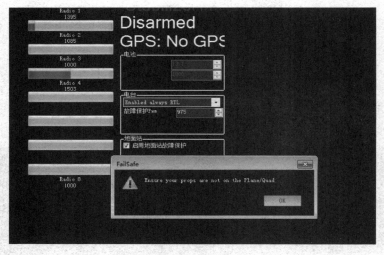

图 4-39　设置失控保护

b. 电池失控保护。根据电池大小进行飞行距离设定,单节电池低电量值近距离飞行设置 3.6 V,单节电池低电量值远距离飞行设置 3.8 V,设定动作为 RTL(返航)。

c. 故障保护 PWM 设置方法(以乐迪 AT9S 遥控器为例)。设置遥控器上失控保护设置,因为设置在油门低于 975 后启动故障保护,所以要设置油门失控值,油门最低,拨动遥控器油门微调按钮,查看故障保护中的遥控器输入 3 通道的数值,让故障保护值小于 940,按 Mode 键进入基础菜单,选择失控保护,按 Push 键进入,选择 3:油门,拨动转盘选择 F/S 后,按下 Push 键,出现数字值即设置成功,之后记得拨动微调按钮还原,如图 4-40 所示。

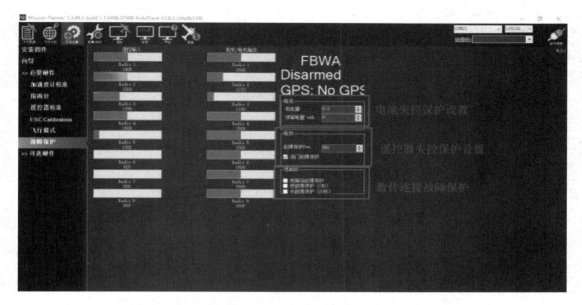

图 4 - 40　设置故障保护值

注意事项：

如果故障保护模式清除（油门在 950 以上），则飞行器将保持当前飞行模式，不会自动地返回故障保护触发之前的飞行模式。这说明，如果飞行器以自稳模式飞行，故障安全模式被触发，导致飞行模式更改为 RTL，如果需要重新控制飞行器，则需要把飞行模式开关切换到另一位置，然后再切换回其他模式。

⑨ 设置通道返航键位。打开扩展参数，调整 7 或 8 通道为 RTL，遥控器设置通道拨杆，紧急情况下拨动返航开关可以使飞行器自动返航，如图 4 - 41 所示。

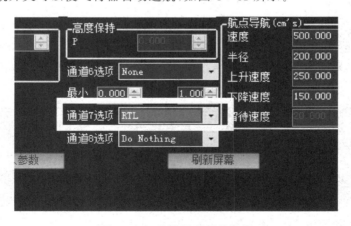

图 4 - 41　设置通道返航键位

⑩ 飞控调试完成后，以美国手操作方式为例进行 Mini Pix 飞控解锁操作。

a. 长按安全开关，直到灯停止闪烁变为长亮，此时电机不再滴滴响。

b. 遥控器左边摇杆向右下方拨动至最底部。

c. 解锁动作保持 5 s。

d. 当听到蜂鸣器长响、飞控指示灯常亮时,即解锁成功。

以美国手操作方式为例进行 Mini Pix 飞控上锁动作:左边摇杆向左下方拨动最底部保持 5 s,当飞控指示灯不再常亮上锁成功。

注意事项:

解锁失败的解决方法:

● 气压计是否正常。

● 指南针是否校准或周围干扰较大。

● 加速度计是否校准。

● 遥控器是否校准。

● 电池电压是否过低。

● 日志记录是否正常。

(2) 飞行平台调试

① 重心稳定性调试。装好电池之后,双手托举机翼的前三分之一处查看是否水平,偏差不大即可,如图 4-42 所示。

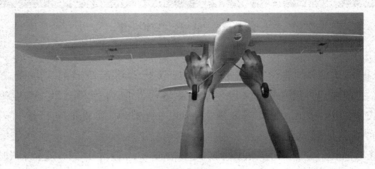

图 4-42 重心稳定性调试

② 舵面偏转方向是否正确(见图 4-43)。从固定翼无人机机尾向机头方向看:左打副翼,左侧副翼上偏,右侧副翼下偏;右打副翼,右侧副翼上偏,左侧副翼下偏。下拉升降舵,升降舵面上偏;反之,上推升降舵,升降舵面下偏。左打方向舵,方向舵面左偏;右打方向舵,方向舵面右偏。

图 4-43 检查舵面偏转方向

项目核验

项目核验单							
班　级		姓　名		学　号		日　期	

一、相关知识

1. 简述固定翼无人机基本结构组成。

2. 简述固定翼无人机平面翼型参数和剖面翼型参数。

3. 简述固定翼飞行平台装配步骤及注意事项。

4. 简述 Mini Pix 飞行控制器调试步骤及注意事项。

二、操作内容

1. 以赛斯纳航模为例进行装配训练,并详细记录装配和调试过程及注意事项。

2. 以 Pixhawk 飞控作为飞行控制器,任意固定翼无人机作为飞行平台进行装配与调试训练,并详细记录装配和调试过程及注意事项。

三、评价反馈

1. 自我评价

2. 学生建议

成绩评定		教　师	

项目5　航测无人机装配与调试

【项目描述】

航测无人机,也称作 RTK 无人机,具有快速航测反应能力、地表数据快速获取和建模能力,还具有突出的时效性和性价比、监控区域受限制小等特点。目前市面上的航测无人机也是百花齐放,本项目以大白无人机为例来讲述航测无人机的装配与调试。

【项目要求】

① 掌握油动固定翼大白无人机的组装流程。
② 了解发动机的分类。
③ 掌握二冲程发动机与四冲程发动机的区别。
④ 熟悉高速油针和低速油针的调节方法。
⑤ 掌握固定翼无人机飞控的连接方法
⑥ 了解固定翼无人机飞控地面站的使用方法。
⑦ 了解无人机航测系统的原理和组成。

任务 5.1　油动固定翼无人机基本结构认知

一、任务导入

油动固定翼无人机在平常生活中并不常见,其属于工业级无人机,一般进行一些航测、航拍等作业。油动固定翼无人机的结构较为复杂,与电动固定翼无人机最大的区别在于动力系统。由于油动固定翼无人机发动机的存在,其载重变大、速度快,整体作业效率显著提高,但是危险系数也随之增大。本任务学完之后,也会对接下来的装配调试工作有很大的帮助。

二、任务分析

1. 任务要求
① 学习并掌握固定翼无人机的组成。
② 学习并掌握平面翼型参数和剖面翼型参数。

2. 实施方法
本任务以理论教学为主,其组织形式与教学方法如下:
组织形式:以班级为单位进行双师云课堂或线下授课。
教学方法:采用多媒体教学、结合实物、挂图进行理论讲授。

三、任务实施

引导问题 1：活塞发动机由什么组成？

活塞发动机通常是指燃油在汽缸里燃烧膨胀，推动活塞下行带动曲轴旋转，以此形式输出动力的发动机，其利用一个或者多个活塞将压力转换成旋转动能。活塞发动机主要由活塞、曲轴、连杆、气缸、进排气们和火花塞等组成，如图 5-1 所示。

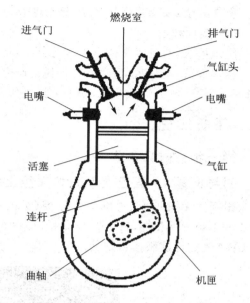

① 活塞：活塞在气缸中做往复运动，其顶面和气缸头内表面之间的空间是燃烧室。活塞发动机上装有数个弹性很强的活塞环，又称涨环，其作用是防止燃烧室内的高温高压燃气向外泄漏，并防止滑油从外部进入燃烧室。

② 曲轴和连杆：活塞和曲轴由连杆相连，从而将活塞的直线运动转变为曲轴的旋转运动，并将从每个气缸获得的功传输到螺旋桨。

③ 气缸：气缸内壁是燃烧室的组成部分，在发动机工作时，汽油与空气的混合物在燃烧室

图 5-1 活塞发动机的组成

被压缩点燃，转变为高温、高压燃气，通过燃气的膨胀使热能转变为机械能。

④ 进、排气门：新鲜的油气混合物通过进气门进入气缸，膨胀做功后的废气经过排气系统排出。进、排气门的开关由气门结构控制。

⑤ 火花塞：火花塞通常被称为电嘴，其功能是适时高压放电，点燃气缸中的新鲜油气混合物。

任务 5.2 油动固定翼无人机装配

一、任务导入

装配是指将某设备的所有零件按照规定的步骤和技术，通过人工或者自动化生产线实现组装的整个过程。一般在无人机装配过程中有三点要求，即完整性、可靠性、安全性。装配的最终目的是实现设备的功能，因此要保证所有零部件的完整性，装配完成之后要对整个设备的可靠性进行评估，在设备使用过程中要保证设备和使用者的安全。

油动固定翼
无人机组装

二、任务分析

1. 任务要求

① 学习并掌握固定翼无人机的组成。

② 学习并掌握平面翼型参数和剖面翼型参数。

2．实施方法

（1）理论教学

组织形式：以班级为单位进行双师云课堂或线下授课。

教学方法：采用多媒体教学、结合实物、挂图进行理论讲授。

（2）实训教学

组织形式：对班级全体学生进行分组，每组数控制在6～8人。

教学方法：老师示范，学生自行讨论研究，轮流动手操作，由助教进行巡回指导，并将问题反馈给老师。或老师示范后，学生分组操作，老师巡回指导。

三、任务实施

第一步：知识准备

引导问题1：固定翼无人机飞控上的接口都连接什么？

固定翼无人机LEO狮子座飞控（见图5-2）分为标准版本和HV版本，标准版本采用J30J-31矩形连接器，HV版本采用J30J-37TJL矩形连接器，线材牢固耐用。表5-1所列为LEO飞控标准版接口定义。

图5-2　LEO狮子座飞控

引导问题2：四冲程发动机的工作原理是什么？

四冲程发动机的活塞顶部能到达的距曲轴旋转中心最远的位置叫上止点，相应地，活塞顶部能到达的距曲轴旋转中心最近的位置叫下止点，从上止点到下止点的距离叫活塞冲程，如图5-3所示。活塞在气缸内要经过四个冲程，依次是进气冲程、压缩冲程、做功冲程、排气冲程，如图5-4所示。

在进气冲程中，发动机内部的燃烧室随着活塞下行，吸入空气和雾化之后的汽油，并充分混合。在压缩冲程中，燃烧室的空间随着活塞上行而减少，从而把混合之后的易燃气体充分压缩。在做功冲程中，火花塞通过放电产生电火花，从而点燃被压缩之后的混合气体，混合气体由于被点燃而迅速爆炸并扩张，从而推动活塞下行，这一步才是发动机真正产生动力的一步。在排气冲程中，爆炸之后的没有用的废气随着活塞上行而被推出燃烧室，燃烧室被清空，等待下一轮进气的开始。

表 5－1　飞控标准版接口定义

序号	类别	符号	定义	说明
1	机载设备接口	CAN_H	CAN 总线 H 引脚	用于与机载设备面（自有产品）通信，如智能电池、转速模块、航灯、云台、大气设备等
2		CAN_L	CAN 总线 L 引脚	
3	备用	Reserved		备用
4	转速监控	RPM1	转速监控 1，3.3 V 和 5 V 兼容	
5	执行机构接口	DGND	数字地	用于控制舵机或者电调
6		PWM10	PWM 通道 10	
7		PWM9	PWM 通道 9	
8		PWM8	PWM8 通道	
9		PWM7	PWM7 通道	
10		DGND	数字地	PWM 信号用参考地，仅用于连接电调或舵机
11	执行机构接口	PWM6	PWM 通道 6	用于控制舵机或者电调
12		PWM5	PWM 通道 5	
13		PWM4	PWM 通道 4	
14		PWM3	PWM 通道 3	
15		PWM2	PWM 通道 2	
16		PWM1	PWM 通道 1	
17	备用	R5	5 号串口接收端，RS232 电平	
18		T5	5 号串口发送端，RS232 电平	
19		DGND	数字地	外置 GNSS 设备用参考地
20	模拟信号输入	AD1	模拟信号输入通道 1	电压输入值必须小于 58 V
21		AD2	模拟信号输入通道 2	
22	接收机接口	SBUS_IN	SBus 信号输入，3 号串口接收端	接入 SBus 信号
23		SBUS_OUT	SBus 接口输出，3 号串口发送端	用于控制 SBus 接口的舵机或设备
24		DGND	数字地	
25	数据链接口	R1	1 号串口接收端，RS232 电平	连接数据链模块，使用内置数据链时不可用，使用外置数据链时可用
26		T1	1 号串口发送端，RS232 电平	
27		DGND	数字地	
28	供电输出	5V	5 V 输出	DC 5 V/500 mA，用于给机载设备供电，严禁用于舵机电调供电
29	系统电源输入	P2＋	电台电源正极输入	DC 9～53 V。
30		P1＋	系统电源正极输入	只接电台电源，串口 1 为电台串口；只接系统电源，串口 1 为飞控串口；同时接电台电源和系统电源，串口 1 失效，电台和飞控直接通信。如同时供电，P1＋、P2＋电压必须相同。
31		PGND	系统电源负极输入	

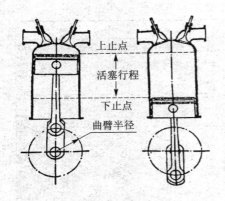

图 5-3　活塞冲程

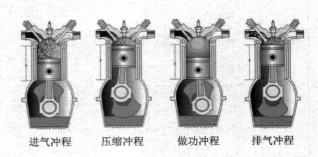

进气冲程　　压缩冲程　　做功冲程　　排气冲程

图 5-4　四冲程发动机工作原理

引导问题 3：二冲程发动机与四冲程发动机的区别？

二冲程发动机与四冲程发动机的区别如下：

① 二冲程发动机曲轴每旋转一周，活塞上下一次即完成一个做功循环；四冲程发动机曲轴每转两周，活塞上下两次完成一个做功循环。

② 四冲程发动机有独立的配齐机构，通过凸轮轴、正时链条或气门顶杆，来控制气门的开启和关闭，比较精密，进、排气系统比较完善，所以比较省油。二冲程发动机通过活塞在上行和下行的过程中，在不同的阶段打开和关闭位于缸体上的进气口、排气口和扫气口来控制进排气，会造成浪费。四冲程相比于二冲程发动机更省油，而二冲程发动机的污染也比四冲程发动机严重。

③ 四冲程发动机结构复杂，重量较重，价格也高；二冲程发动机结构简单，重量轻，价格相对较低。

④ 相同条件下，四冲程发动机的转速更高，因此四冲程发动机的效率比二冲程发动机高。

第二步：实训操作

1. 作业准备

① 将工位清理干净，准备好相关的组装工具。

② 将需要组装的大白无人机配件依次准备好。

2. 操作过程

1）准备产品安装时所需所有配件（部分配件需要另行采购）

配件包含：玻璃钢主机身 1 个（含垂尾舵面）、玻璃钢主机翼 1 副（含副翼）、玻璃钢水平尾翼 1 个（含升降舵面）、直径 30 mm 碳纤维主梁 1 根、主起落架 1 套（包含 2 个白色发泡主机轮）、尾轮总成 1 套（包含尾轮钢丝、CNC 尾轮摇臂、黑色尾轮，轮挡）、车条钢丝 7 根、球头扣各 1 包（12 个，包含 M2 螺丝和防松螺母）、CNC 舵脚 5 个（包含 M3×10 自攻螺丝）、空速硅胶管 1 包（包含金属空速管）、三色舵机 3 m 延长线 1 根、三色舵机 22 mm 延长线 1 根、橡胶护套 2 个、10 mm 塑料以及橡胶护套各 2 个、舱盖活页 6 个（包含 M2×6 自攻螺丝）、M4 舱盖反抓螺母 4 个、M4×10 舱盖螺丝 4 个、M5×40 水平尾翼安装螺丝 1 个、1.5 L 白色塑料油箱 2 个（包含油管重锤）、8 mm×（245～275）mm 黑色起落架铝杆各 1 个，如图 5-5 所示。

2）开箱检查

开箱后检查玻璃钢零件有无因运输导致破损以及开裂,破损和开裂会导致坠机,开箱检查如图 5 - 6 所示。

图 5 - 5　所需配件

图 5 - 6　开箱检查

3）另购器材

① 标准舵机 7 个,外部尺寸 20×40 mm 左右、重量在 10 kg 以上为佳。数字舵机抗干扰能力强但耗电会有所增加,标准舵机如图 5 - 7 所示。

② 金属整流罩,尺寸 3.75 in(相当于 9.525 cm)最合适。

③ 螺旋桨尺寸为 22 in×10 in(相当于 55.88 cm×25.4 cm)或 21 in×12 in(相当于 53.34 cm×30.48 cm)。

④ 双缸发动机,排气量在 60 ml 左右的水平对置发动机最理想,因为双缸的振动小,如图 5 - 8 所示。

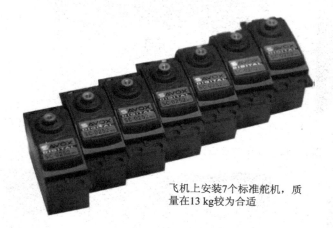

飞机上安装7个标准舵机,质量在13 kg较为合适

图 5 - 7　所需型号舵机

图 5 - 8　双缸发动机

4）安装机翼

① 先将空速管开口位置找到,并用电动打磨器比较尖的刀头开线,如图 5 - 9 所示。

② 将开好的口用带砂纸圈的电动打磨器修正到光滑无毛刺,如图 5 - 10 所示。

注意事项:

砂纸圈使用一段时间之后要及时更换,避免发生危险。

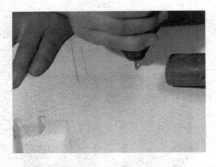

图 5-9　空速管开口位置开线　　　　图 5-10　打磨空速管开口位置

③ 用直径 4 mm 的麻花钻头在机翼前缘打孔,准备安装空速管,如图 5-11 所示。

④ 把舱盖边缘的多余树脂切掉,确保舱盖可以平整的盖上之后穿入空速管,在空速管后端黏一块小木头用于加强,然后套上硅胶空速管软管即可,如图 5-12(a)、5-12(b) 所示。

⑤ 将空速管的盖子用 2 mm×6 mm 自攻螺丝拧紧即可,如图 5-13 所示。

⑥ 用电钻在副翼舵机电线输出的部位开一个直径 8 mm 左右的圆孔,以便导入电线,如图 5-14 所示。

图 5-11　钻头打孔

(a)　　　　　　　　　　　　(b)

图 5-12　安装空速管

图 5-13　安装螺丝　　　　　　图 5-14　电钻开孔

⑦ 将焊好延长线的舵机反面贴上 3M 双面胶并压入舵机舱内,如图 5-15 所示。

注意事项:

舵机装好后要认真检查摇臂是否位于中立位置。

⑧ 装好舵机后把球头用 M2 螺丝螺母固定在舵机摇臂上,通常将摇臂孔安装在最外面和倒数第二个孔上,如图 5-16 所示。

图 5-15 安装舵机

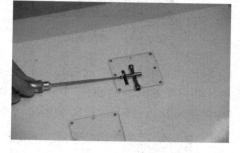

图 5-16 安装舵机摇臂

⑨ 把钢丝按说明剪到所需长度后安装球头扣,如图 5-17 所示。

⑩ 金属舵脚摆放在合适的位置后,用 502 胶水定位,然后再用电钻钻一个直径 1.5 mm 的细孔,在孔里点上 502 胶水后,将 M3×10 的自攻钉上紧,如图 5-18(a)、(b)所示。

⑪ 最后把机翼翼根外侧平面用开孔器开一个直径 20 mm 的孔,用于穿电线和空速管,如图 5-19 所示。

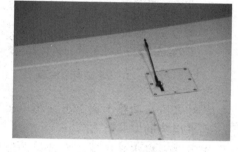

图 5-17 安装球头螺丝

注意事项:

延长线一定用高质量的焊锡焊接,高质量的焊锡焊接平滑牢固。

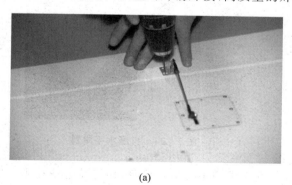

(a)

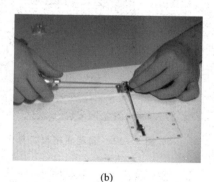

(b)

图 5-18 固定金属舵角

5) 油箱的安装步骤

① 把油箱套件从油箱中取出,其中比较长的金属管要弯一个小角度后再插上一小段汽油管,作为油箱的通气孔,另外一根金属管连接汽油管和重锤,无须折弯,如图 5-20 所示。

图 5 - 19　机翼侧面开孔

图 5 - 20　连接油箱套件

② 两个油箱装法一样,通气孔位于油箱的上方,两个油箱的连接是:其中一个油箱的通气孔连接另外一个油箱的吸油孔,串联使用,如图 5 - 21 所示。

③ 将油箱从机身隔框穿出,中间夹薄海绵来减震,如图 5 - 22 所示。

图 5 - 21　连接两个油箱

图 5 - 22　安装油箱

④ 装好之后在油箱上面盖上油箱压板并粘接,如图 5 - 23 所示。

6) 水平尾翼的安装

① 用大锉刀将水平尾翼后面开口的位置磨出一点斜边,使其与机身配合紧密,如图 5 - 24 所示。

图 5 - 23　固定油箱至机身内

图 5 - 24　打磨水平尾翼

② 把下盖涂上 3M 双面胶,将飞机倒置,然后将水平尾翼插入机身,在尾盖上钻孔用于安装尾翼螺丝,如图 5 - 25(a)、5 - 25(b) 所示。

③ 用 M5 丝锥把机身后面的螺纹孔再攻一次,确保制作飞机时固化的树脂没有堵塞螺纹孔,如图 5 - 26 所示。

④ 最后粘上尾盖,此时尾翼固定完成,如图 5 - 27 所示。

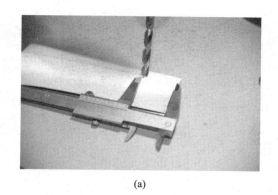

(a)

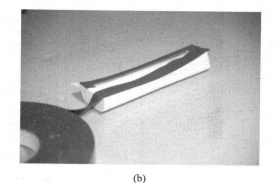

(b)

图 5-25 安装尾翼

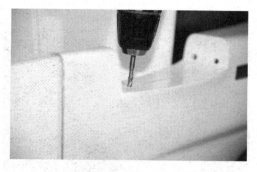

图 5-26 确保螺丝孔通畅

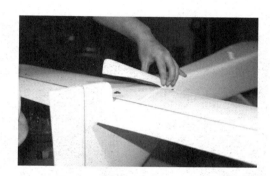

图 5-27 安装尾翼至机身上

⑤ 安装尾翼各个舵面的舵脚与安装机翼的方法相同,先打细孔,点胶水,再拧螺丝钉。装好之后检查连杆钢丝是否与舵面水平或垂直,如图 5-28(a)、5-28(b)所示。

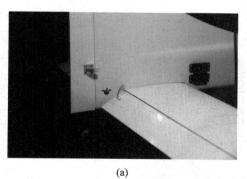

(a)

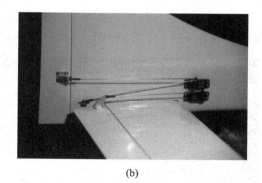

(b)

图 5-28 安装尾翼舵角和拉杆

7) 尾轮总成的安装

① 用 7 mm 的麻花钻在尾翼后面相应位置垂直钻孔,再用 8 mm 丝锥攻丝,在空心螺丝外面涂胶后用扳手旋进机身内部,如图 5-29(a)、(b)所示。

② 在垂直尾翼右侧按照空心螺丝的长度开凿一个横槽用于安装尾轮摇臂,如图 5-30所示。

 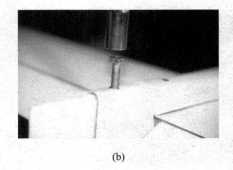

(a)   (b)

图 5-29　钻孔安装螺丝

③ 开凿横槽要用比较尖的电动打磨头,尾轮支架从下向上插入并用摇臂锁紧,如图 5-31 所示。

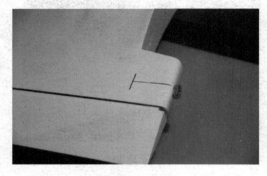 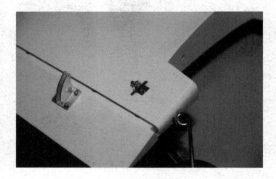

图 5-30　开孔用于安装尾轮摇臂螺丝   图 5-31　安装尾轮支架

8) 主起落架铝杆安装

① 用直径 8 mm 的砖头在机头下方点了圆点的位置钻孔,一共需要钻 4 个孔,远孔位置 应在起落架深槽的上方,如图 5-32(a)、(b)所示。

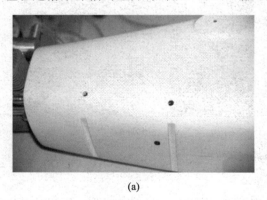 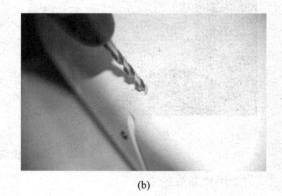

(a)   (b)

图 5-32　钻　孔

② 用橡胶锤把铝杆打入机身,内部配合木垫和哥俩好粘胶加强,如图 5-33 所示。

③ 在机身前部用开孔器钻 2 个直径 20 mm 左右的圆洞,通高压线使用,如图 5-34 所示。

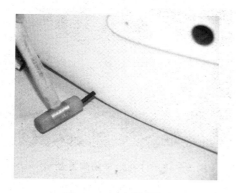

图 5 - 33   安装铝杆

图 5 - 34   开孔出线

9）开伞舵机安装

① 在飞机背部有一个专门用于固定开伞舵机的舵机孔，如果因舵机大小导致的安装差别，则可以用钢锉进行修整。然后将舵机从下面固定，如图 5 - 35 所示。舵机安装牢固后就可以按照位置装上开伞摇臂，如图 5 - 36 所示。

图 5 - 35   安装开伞舵机

图 5 - 36   安装开伞舵机摇臂

10）发动机的安装

① 将发动机自带的安装支柱装到发动机机匣上，所有螺丝必须涂上防松胶水，如图 5 - 37 所示。

② 多数发动机的原配消音器的出口铝管都比较长，须用切管器把长度剪短，如图 5 - 38 所示。

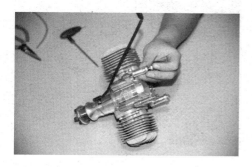

图 5 - 37   安装发动机支柱

图 5 - 38   剪短消音器出口铝管

注意事项：过长的铝管在振动时特别容易开裂。

③ 用开孔模板在机身上画出螺丝孔。在不影响强度的情况下发动机应该装的尽量靠上，这样既降低了油耗又使螺旋桨离地间隙加大，性能可大幅提高，如图 5－39 所示。

④ 用开孔器开出走油管和电线的圆孔。圆孔上要涂抹 502 胶水防油，然后装上大号橡胶圈保护油管电线等，如图 5－40(a)、(b)所示。

图 5－39　打孔用于安装发动机

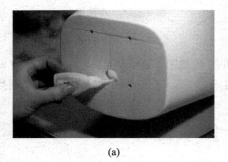

(a)

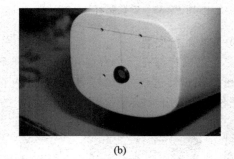

(b)

图 5－40　开孔用于走油管和电线

⑤ 发动机装好之后，要在反面用工具拧紧螺丝，同样也要涂上放松螺丝胶水，如图 5－41 所示。

⑥ 在发动机后面用无人机配备的方形木框做基准，用记号笔画出要开凿的舵机孔，并用电动打磨器开孔，然后把方框粘在方孔下面，把舵机用螺丝拧紧，为了降低舵机高度也是从下面安装油门拉杆到合适位置。整流罩后桨垫要提前钻孔，整流罩上安装螺旋桨的孔也要加大，图 5－42(a)、(b)所示。

图 5－41　安装发动机

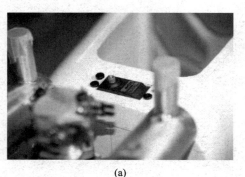

(a)

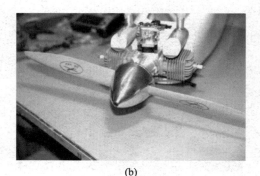

(b)

图 5－42　固定舵机、整流罩

11）舱盖的安装

① 首先将各个舱盖用砂纸修边，将大小合适的舱盖配在舱口上，用电钻先打细孔，再用 M2×6 自攻钉拧紧，如图 5-43(a) 和 5-43(b) 所示。

 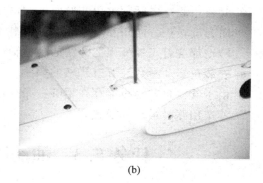

(a)   (b)

图 5-43 打孔安装舱盖

② 木质垫圈上涂 AB 胶粘住 M4 反抓螺母，并用台钳加紧。将做好的组合螺母粘在舱盖的另一端，每个舱盖粘 2 个，如图 5-44 所示。

12）降落伞的安装

① 一般作为备用伞使用，为了美观只用 2 个挂点来栓伞绳，将机身主梁插销桶上方开凿一个直径 5 mm 的圆洞，左右各一个，把伞绳穿过小洞在主梁上绕一圈后再穿出小洞扎死，并套上小号橡胶圈，如图 5-45 所示。

图 5-44 粘黏舱盖螺丝

② 在后面伞舱盖上粘一块引导伞布后，将降落伞叠好放入伞舱内即可完成安装，如图 5-46 所示。

图 5-45 打 孔   图 5-46 叠伞装入伞舱

13）飞控安装

LEO 飞控支持任意角度安装，可通过软件进行安装角校正，根据接口定义完成接口的正确连接即可。

注意事项：

● 在情况允许的机型中，尽可能保持飞控正向安装（即安装连接面朝下，航插出线端朝向机头方向),这样可以不用调整安装角。

- 如果需要调整角度后安装,则必须确定准确的安装角度,以作为软件校正的数值,如果数值与安装位置不对应,可能导致飞行效果变差甚至会引发飞行事故。
- 安装角调整遵循欧拉角变换原则、右手原则(大拇指指向旋转轴的正方向,四指弯曲方向为旋转正方向),参考坐标系为机载坐标系,转动坐标系为飞控本体坐标系,即每次转动都绕着飞控外壳上标注的坐标轴进行转动。
- 安装角转动参数设置有严格的顺序。
- 由于欧拉角转动可能存在不唯一路径,但结果相同,控制效果相同。为了方便调试,推荐选用路径最短的设置方式。

任务 5.3　油动固定翼无人机调试

一、任务导入

完成一套无人机系统的装配之后,并不代表无人机系统能够满足各项功能的要求,还需要进行很长时间的系统调试。一套无人机系统功能的最终实现,其装配过程和调试过程所花费的时间大致相当。调试按照具体内容可以分为地面调试和飞行测试,地面调试是飞行测试的准备阶段,也是无人机系统执行飞行任务之前必不可少的阶段。

二、任务分析

1. 任务要求

① 学习并掌握固定翼无人机的组成结构。

② 学习并掌握平面翼型参数和剖面翼型参数。

2. 实施方法

(1) 理论教学

组织形式:以班级为单位进行双师云课堂或线下授课。

教学方法:采用多媒体教学、结合实物、挂图进行理论讲授。

(2) 实训教学

组织形式:对班级全体学生进行分组,每组人数控制在 6～8 人。

教学方法:老师示范,学生自行讨论研究,轮流动手操作,由助教进行巡回指导,并将问题反馈给老师。或老师示范后,学生分组操作,老师巡回指导。

三、任务实施

第一步:知识准备

引导问题 1:活塞发动机使用的燃料种类及特性是什么?

最常用的活塞发动机是利用汽油或者柴油燃料产生压力的。

1. 汽　油

汽油外观为透明液体,具有可燃性,如图 5 - 47 所示。汽油产品根据用途可分为航空汽油、车用汽油、溶剂汽油三大类。前两者主要用作汽油机的燃料,广泛用于汽车、摩托车、快艇、直升飞机、农林业用飞机等。汽油的主要特性有蒸发性、抗爆性、安定性、安全性和腐蚀性等。

2. 柴　油

柴油是轻质石油产品,可作为柴油机燃料,如图 5 - 48 所示。柴油最重要的用途是为车辆、船舶的发动机提供燃料。与汽油相比,柴油能量密度高,燃油消耗率低,因此一些小型汽车甚至高性能汽车也改用了柴油。石油对人体的侵入途径以皮肤吸收为主,在使用时要注意。

图 5 - 47　汽　油

图 5 - 48　柴　油

第二步:实训操作

1. 作业准备

① 准备配置油料所需的工具。

② 准备调节发动机油针所需的工具。

③ 准备好已连接调参软件的固定翼飞控。

2. 操作过程

(1) 发动机油料配置

配制油料工作看来简单,但如果不注意,往往会影响发动机的起动、工作性能和寿命,甚至引起事故。配制、使用和存放油料时,要提高警惕,注意安全。因为这些油料都是易燃品,所以配制时不能抽烟或点火,不能将油料放近有火种的地方,或其他温度较高的地方。

① 选择瓶子容量为 300 ml 较为合适。

瓶子要洗刷干净后再彻底干燥,保证没有任何杂质和水分。油瓶上应贴有纸条或标签,注明混合油的成份和配制日期。装各种油料的瓶上都应写明名称,免得弄错。配油时,最好用有刻度的量杯或注射器来量取各种油料的数量。

② 先抽取蓖麻油,再加入乙醚,摇匀。

③ 最后加入煤油再摇匀。由于煤油和蓖麻油不能很好地混合在一起,往往呈混浊状态,加入乙醚后就能使整个混合物呈透明状微黄色液体。

④ 油料配置好之后,在使用前用滤纸将混合油过滤,以防杂质和不溶解物进入发动机,影响发动机的性能和寿命。

注意事项:

如用添加剂,可在最后用注射器准确地抽取需要的量注入混合油瓶中一起摇匀。混合油配好后,应盖紧瓶塞,摇匀,不要过早打开瓶塞,以免挥发。使用后,要注意盖紧瓶塞。混合油瓶要放在阴凉的地方,避免日晒。如果发动机长期不用,应先用汽油洗净,再加一点汽车用矿物性调滑油,也可将少许汽车润滑油的混合物从进、排气口注入发动机,再转动曲轴几次,使润滑油到达各个角落。

(2) 发动机油针调试

① 如果发动机刚磨合好,从未调试过,那么先把高速油针顺时针收到最紧,然后放两圈半,把低速油针调至气阀全开时,它刚好离开燃油喷射口。

② 把发动机启动后,这时候稍微加大油门,让发动机运行到足够的工作温度(需要 15~25 s),然后开始进行调试。

注意事项:

无法启动发动机时请调整低速油针(慢慢顺时针收紧或逆时针放松,每次 1/8 圈),直到能启动。如果还是不行,请按照步骤①调整高速和低速油针,然后以此为基准尝试调整。如果听到发动机内部有液体声音,说明积油。若多次尝试都启动不了发动机,发动机内部就会积聚过多的燃料,从而过分地冷却火咀,导致无法点火。或者是汽缸内压力过大,使飞轮无法转动,此时可以拆除火咀后摇动几下发动机,让油从汽缸里喷出来。

③ 猛推几下油门(气阀全开),听声音,如果油门全开的时候,声音低沉,而且排气管冒出很多白烟,那么,以每次调整 1/8 圈方式,顺时针收采高速油针,发动机的全油门转速会逐渐提高,直到车子在高速时声音清脆也没有太大白烟冒出。

④ 再猛推几下油门,听声音,如果油门全开的时候,发动机声音很尖,好像有力量但上不去的话,可把高速油针逆时针逐步放开,使发动机更富油,每次调试的幅度为 5 min(把油针一圈看成 60 分钟),调试到油门全开,发动机在最高速时,声音有力而不太尖。

⑤ 油门全开后,马上回到怠速,如果熄火就把怠速加大,如果怠速过高则可适当减小怠速,使音调降低,但不至于熄火,而且声音稳定。

⑥ 再来一次高速紧急停止发动机,或全油怠速,如果有急速的"追油声"(就是发动机的音调由高到低,正常情况下是很连贯的音调),便要把低速油针放开直至怠速稳定(可以猛推油门一下,听听是否还有"追油声")。

⑦ 低速油针调试。油门全开,然后回到怠速,听怠速时的音调,过于低沉(好像有痰在喉咙一样),而且当突然加速时,油门反应有"迟钝"的感觉,此时把低速油针收紧(顺时针)。最后,调试油门的反应迅速,加速到没有"延迟"的感觉就可以了。把油针收小时会使起步更快,但是过小的话,一样会有"追油"情况出现。一旦在调整低速油针时出现追油,可以把低速油针放大(逆时针),但是会牺牲一些速度。

(3) 固定翼飞控调试

1) 界面介绍

界面介绍,如图 5-49 所示。

2) 安装调整

安装调整,如图 5-50 所示。

① 先转动 YAW 轴(即绕着 Z 轴进行旋转,此处参数只能为非负数 0~360);

② 再转动 Pitch 轴(即绕着 Y 轴进行旋转,此处参数可为 -90~+90);

③ 最后转动 Roll 轴(即绕着 X 轴进行旋转,此处参数可为 -180~+180)。

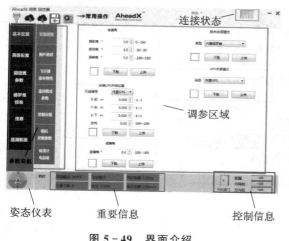

图 5-49　界面介绍

图 5-50　安装调整

注意事项：

LEO 支持任意角度安装到无人机机载设备上，尽可能使飞控安装的位置靠近重心，并在此处进行安装角度校正。

3）GNSS 天线安装位置

GNSS 测量的是 GNSS 天线安装点的位置和速度信息，若 GNSS 天线的安装位置和 SA-GI 安装位置不重合，会引起杆臂效应，给位置和速度测量带来一定的误差，在一些测量要求较高的场合，需要进行安装位置校正，填入 GNSS 相对于飞控的坐标距离即可，如图 5-51 所示。

4）磁偏角

磁偏角设置有四种方式，图 5-52 所示为第一种磁偏角设置方式，操作步骤如下：

① AheadX Master 安装调整页面。

② 磁罗盘校准页面。

③ AheadX Space 功能指令面板。

④ AheadX Space 起飞检查向导。

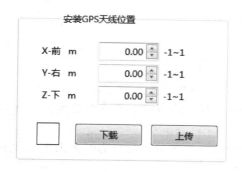

图 5-51　GNSS 天线安装位置

图 5-52　磁偏角

注意事项：

全球各地区磁偏角参数可通过 http://www.magnetic-declination.com/查询。

5）磁罗盘余度模式

AheadX 系列导航飞控系统支持内/外置磁罗盘双余度工作模式。在不增加昂贵的定向设备的情况下，大大提高了导航系统的可靠性，如图 5-53 所示。

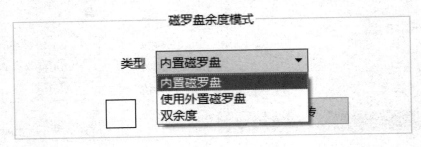

图 5-53　磁罗盘余度模式

外置磁罗盘支持 CAN 总线通信，方便可靠。

① 双余度模式：自动判断每个磁罗盘当前状态，择优选择自动切换。

② 非双余度模式：仅使用选定的磁罗盘，不会自动切换。

注意事项：

未检测到外置磁罗盘连接时，将无法单独选择使用外置磁罗盘。

6）GPS 余度模式

根据飞机 GPS 情况选择类型，如图 5-54 所示。

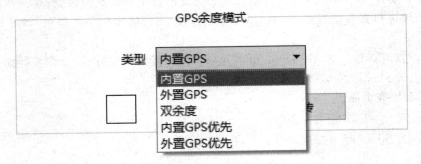

图 5-54　GPS 余度模式

① 内置 GPS：仅使用内置卫星接收机数据。

② 外置 GPS：仅使用外置卫星接收机数据。

③ 双余度：自动判断定位系统的定位精度，择优选择自动切换。

④ 内置 GPS 优先：优先使用内置卫星接收机数据，仅当内置接收机为红色未定位状态且外置接收机正常定位时切换为使用外置接收机数据。

⑤ 外置 GPS 优先：优先使用外置卫星接收机数据，仅当外置接收机为红色未定位状态且内置接收机正常定位时切换为使用内置接收机数据。

注意事项：

未检测到外置 GNSS 设备连接时，将无法单独选择使用外置 GNSS。

7）摇杆接入测试

摇杆接入测试，如图 5-55 所示。

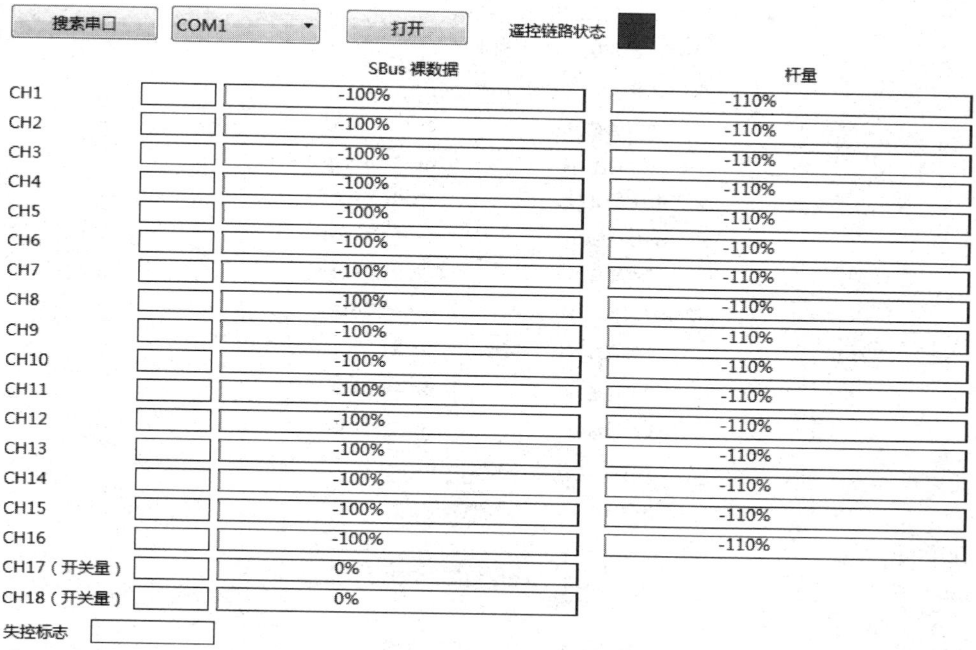

图 5 - 55　摇杆接入测试

如果使用第三方遥控器设备,则按照辅助摇杆设置方法调节后,可使用该页面进行状态检查。

该项检查需要将遥控器的 SBus 接收机通过 SBus - TO - USB 模块接入电脑端,搜索该串口并打开,即可检测摇杆输入数据。

注意事项:

本功能仅用于摇杆数据测试,正常使用飞控设备过程中,请关闭本摇杆检测的串口占用,否则将会因占用摇杆数据而无法正常使用。

8)飞行器基本特性

飞行器基本特性,如图 5 - 56 所示。

① 使用 SBus 接收机:如需使用接收机直连飞控,将该项配置为使用。该设置重启后生效,默认为不使用。

② 是否安装降落伞:选择已安装后,相关配置项及保护才会生效,默认为未安装。

③ 失速速度:设置为飞行器实际失速空速,误差较大可能会带来安全隐患。

④ 巡航速度:设置为飞行器实际正常巡航空速,误差较大可能会带来安全隐患。

⑤ 发动机数量:最多支持双发动机设置,请根据实际情况设置。设置不合理将可能造成熄火保护失效。

⑥ 转速计分频:仅针对电动固定翼无人机有效,电机旋转一周,电调转速监控模块可能接收到 n 个信号,电机实际转速为:转速监控值/n,实际应用过程中将 n 值预设为 1,则 n=电调转速监控模块测量值/转速计等设备测量值(接近真实),将 n 设置为该值以校正转速。

⑦ 发动机最大推力/飞机重量:需根据飞行器实际特性确定该两项数值,若数值设置与实

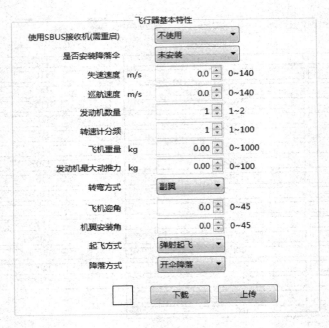

图 5-56　飞行器基本特性

际相差过大，将影响到油门及空速控制。

⑧ 转弯方式：默认为副翼转弯。

⑨ 飞机迎角：根据飞行器实际飞行迎角确认该值，设置不合理将影响实际飞行控制。

⑩ 机翼安装角：根据机体特性确认该值，设置不合理将影响实际飞行控制。

⑪ 起飞方式/降落方式：根据实际情况配置起降方式。

注意事项：

飞行器基特性参数非常重要，与实际情况相符合的特性参数设置将会带来极佳的控制效果。如果设置参数与真实值存在较大偏差，可能带来负面影响。

9）飞控模式配置

飞控模式配置，如图 5-57 所示。

① 归航点方式：

a. 手动设置：手动设置归航点相关参数。

b. 自动捕获：自动捕获起飞点为归航点，归航点参数为归航点默认参数设置值。

② 动态回收：根据情况可配置为开伞或撞网回收。

③ 开伞后进入：根据情况可配置为待飞模式或自稳模式。

a. 待飞模式：舵面及油门不可控，可强制从地面站切入遥控模式。

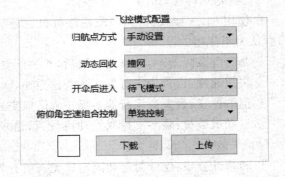

图 5-57　飞控模式配置

b. 自稳模式:油门将自动关停(发动机将进入熄火状态),达到坠毁保护延迟时间后开伞,此时飞机进入增稳状态,保持滚转角为 0°,俯仰角为飘落控制参数中所设置值(角度设置过大将可能导致飞机姿态异常,一般在±10 以内)。若成功开伞,接地后自动进入待飞状态。

自稳模式下可切入遥控模式进行手动控制,在开伞状态下手动遥控无法控制油门,通过遥控器或者地面站手动关伞后方可进行油门控制。

④ 俯仰角空速组合控制:

a. 单独控制:飞机会按照所设置的最大爬升角和俯冲角进行高度调整,当油门调整空速到极限值(最大或者最小),仍然无法达到目标空速时,将会通过调整俯仰角以达到目标空速。

b. 组合控制:在高度调整过程中,当油门调整空速达到极限值(最大或者最小),仍然无法达到目标空速时,飞机会适当调整俯仰角(最大调整量为最大爬升角或俯冲角的 50%)以达到目标空速。

10)归航点默认参数

该参数在归航点使用自动捕获或使用信标方式时生效,当使用信标方式时,相对高度为飞行器相对于信标点的高度,如图 5-58 所示。

11)遥控模式参数

遥控模式参数如图 5-59 所示。

① 遥控器配置参数:对姿态油门及姿态空速模式下控制量进行限位。

② 遥控丢失保护参数:遥控器丢失且满足中断时间阈值后进入丢控保护,应根据实际情况合理设置时间阈值。

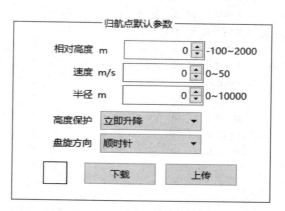

图 5-58　归航点默认参数

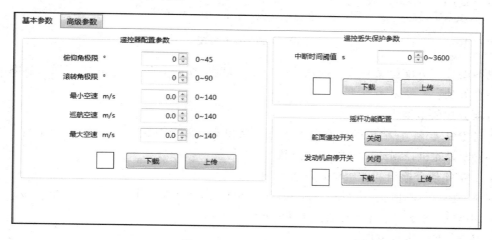

图 5-59　遥控模式参数

③ 摇杆功能配置:

a. 舵面遥控开关:开启时,遥控器对应固定翼飞行器模式切换通道可进行舵面遥控与姿态油门遥控切换,关闭后该通道仅保留姿态遥控,默认设置为开启。

b. 发动机启停功能:该功能映射到遥控器通道6,开启后可通过遥控器分别控制发动机启动(需要配置发动机电启动)和熄火(功能对应于地面站启动发动机和立即熄火按钮功能),电启动功能在所有阶段均生效,立即熄火功能在待飞模式、遥控模式、执行降落航线阶段生效。

注意事项:

遥控模式参数请按照飞行器真实情况进行合理设定,避免发生不必要的危险。

12) 控制分配

LEO为无人机控制提供了最大的自由度,在控制分配中,可自由定制伺服机构输出及混控形式,无论多么复杂的控制布局,无人机都可适应,如图5-60所示。

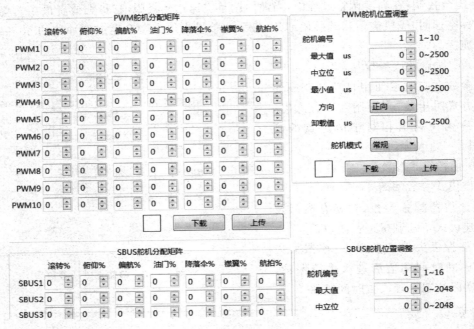

图 5-60 控制分配

纵向的控制分配定义对应飞控执行的控制物理量,横向PWM/SBus为飞控信号输出。

注意事项:

每项分配值范围为0~100%;

每行PWM/SBus输出的所有分配绝对值总和不得大于100%

13) 设置舵机控制或固定翼动力控制

① PWM信号输出的舵机位置调整参数:

a. 最大值/最小值:舵机行程极限值,有效范围为 $500\sim2\,500\,\mu s$。

b. 中立位:舵机中立位,有效范围为 $500\sim2\,500\,\mu s$。

c. 方向:舵机运行方向。

② 如果某PWM信号输出线连接电动固定翼无人机电调,进行油门行程校准后,输入相应的最大值(最大功率)、最小值(停转)、并计算中立位后输入。此处不设置卸载值。

③ SBUS输出分配:SBus总线输出可扩展接入16个SBus总线舵机或转换扩展16路PWM输出,其中1~10通道可自由分配,用于补充PWM输出不够用的情况,配置方法类似

于 PWM 调整，但数值为 SBus 数值，等效为：$0 == 0\ \mu s$，$2048 == 2\,500\ \mu s$。SBus 输出 $11 \sim 16$ 通道为任务舵机专用。

14）襟　翼

对于大型无人机，通常设置有襟翼，用于增大升力降低速度。

① 根据实际需要设置襟翼控制分配，注意单一 PWM 通道分配绝对值总和不超过 100。

② 调整对应 PWM 输出脉宽，在"正向"情况下，最小值保持襟翼舵面收起，中立位保持襟翼舵面下放至第一挡位置，最大值保持襟翼舵面下放至第二挡位置。

③ 辅助摇杆左三段开关（CH7）处于 A 位置执行最小值，收起襟翼；处于 B 位置执行中立位，襟翼放下到第一挡；处于 C 位置执行最大值，襟翼放下到第二挡。

④ 挡位之间切换自动增加 2 s 缓冲，保证翼型变化为缓慢连续的。

⑤ 如果设置了襟翼功能输出，将会在起飞过程中自动放下襟翼至第一挡；滑跑降落过程中，进入斜坡下滑阶段时，自动放下襟翼至第二挡。

15）降落伞

对于配备有降落伞机构的无人机，需要对降落伞控制进行配置。

① 根据实际需要设置降落伞的控制输出分配，通常降落伞需单独分配一路 PWM 输出。

② 调整对应 PWM 输出脉宽，在"正向"情况下，最小值为待命模式，伞舱关闭；最大值为开启模式，伞舱打开。

③ 辅助摇杆右两段开关（CH10）处于 Free 释放位置，PWM 控制输出最小值，保持伞舱关闭；处于 Push 执行位置，PWM 控制输出最大值，伞舱打开，飞控进入待飞或自稳模式。

注意事项：

配置降落伞前需要在飞行器基本设置中设置降落伞状态为已安装。伞舱开启/关闭状态必须与 AheadX Space 中状态吻合，否则为严重错误。

16）转速计配置

转速计配置，如图 5 - 61 所示。

① 管脚配置：包括浮空、上拉、下拉，根据实际情况配置。

② 滤波参数：转速计输出滤波，一般默认设置可适应常见转速计模块。

17）发动机启动

配置为使用 PWM10 将作为发动机启动，执行启动发动机按钮或遥控器相应通道后，PWM10 输出高电平，发动机启动系统工作，如图 5 - 62 所示。

图 5 - 61　转速计配置　　　　　　　　图 5 - 62　发动机启动

18）飞行阶段阈值参数

飞控可根据当前所测量到的校正空速和 GNSS 地速及当前飞控模式综合判断飞行器所

处飞行阶段,并根据飞行阶段的不同,采取不同的保护模式,如图 5 - 63 所示。

飞行阶段分为地面阶段和巡航阶段。

19）弹射起飞开伞降落

弹射起飞开伞降落,如图 5 - 64 所示。

① 爬升高度:飞行器弹射起飞后爬升的目标高度,到达该高度后将进入归航盘旋模式。

② 爬升角度:在爬升过程中,飞行器将按照设定爬升角度进行爬升。

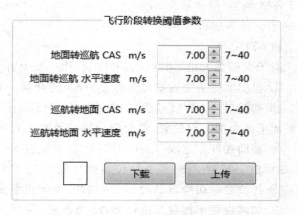

图 5 - 63　飞行阶段阈值参数

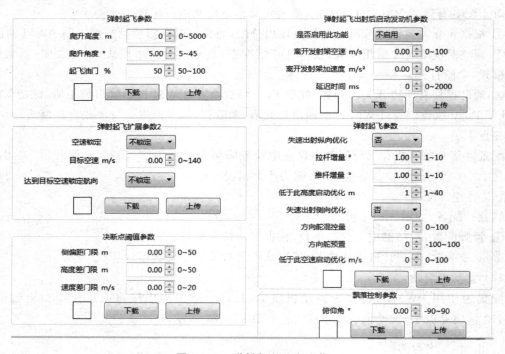

图 5 - 64　弹射起飞开伞降落

③ 起飞油门:执行弹射起飞命令后,飞行器将在 2 s 内将油门逐渐加大到该设定值,并在爬升过程中保持该油门大小不变。

④ 是否启用此功能:如不启用,则执行弹射起飞命令同时加大油门;如启用,则满足条件后才加大油门。启动油门过程为:300 ms 内缓推至目标值。

⑤ 离开发射架空速:空速超过该值并保持 100 ms 时,解锁该条件。

⑥ 离开发射架加速度:延机头方向存在加速度超过该值并保持 100 ms 时,解锁该条件。

⑦ 延迟时间:两项条件均被解锁、延迟设定时间后,开始启动发动机。

⑧ 侧偏距门限:侧偏距小于设定值,即满足该条件。

⑨ 高度差门限:飞行器当前高度不高于目标高度加该门限值之和的高度值,即满足该条件。

⑩ 速度差门限:飞行器当前空速与目标空速之差,不大于该设定值,则满足该条件。

⑪ 失速出射优化:该项参数需开启后生效。

⑫ 拉杆增量:弹射起飞阶段的目标爬升角增量。

⑬ 推杆增量:弹射起飞阶段的目标俯冲角增量。

⑭ 低于此高度启动优化:优化在该高度值以内生效。

注意事项:

起飞阶段拉杆增量要大于推杆增量,一般设置为拉杆 4°、推杆 1°,须根据实际情况确定。

20)飘落控制参数

该参数在开伞后自稳模式下生效,目标滚转角为 0°,目标俯仰角为设置值,如图 5 - 65 所示。

21)姿态回路目标值平滑参数

该参数用于柔化飞行器姿态调整时的目标值变化曲线。在飞行器各向转动惯量极小的情况下,该数值过小将表现为姿态调整十分迅速,加大该数值将使姿态调整变得柔和;该数值过大将引起姿态控制精度下降。通常情况,飞行器的各向转动惯量均不会很小,其现实动作响应很可能滞后于目标控制量,该柔化效果将不会非常明显。默认值即可适应绝大多数飞行器,无须调整,如图 5 - 66 所示。

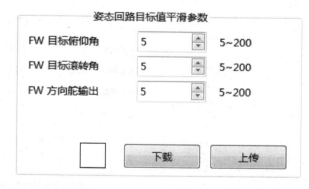

图 5 - 65 飘落控制参数   图 5 - 66 姿态回路目标值平滑参数

22)IMU 测量平滑参数

IMU 测量平滑参数设置如图 5 - 67 所示。

① 角速度:陀螺仪测量值滤波,加大增强滤波效果,过大可能会过滤掉有效的测量值,一般按照默认值设置即可。

② 加速度:加速度计测量值滤波,加大增强滤波效果,过大可能过滤掉有效的测量值,一般按照默认值设置即可。

23)电量保护设置

电量保护设置如图 5 - 68 所示。主要设置 LEO 的低电量保护机制。LEO 支持智能电池接入,故低电量保护机制分为两种触发方式:智能电池电量两级保护和电压两级双路保护。

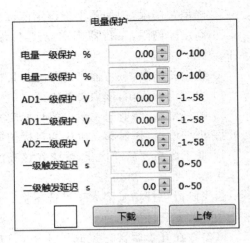

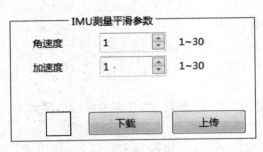

图 5 – 67　IMU 测量平滑参数　　　　　图 5 – 68　电量保护

注意事项：

飞行器处于非遥控模式情况下（如航线模式等），才会触发低电量保护。如果在遥控模式下，将不会触发任何低电量保护。

24）坠毁保护

坠毁保护参数如图 5 – 69 所示，在飞行器基本特性中，将是否安装降落伞选择为已安装后，该保护生效。

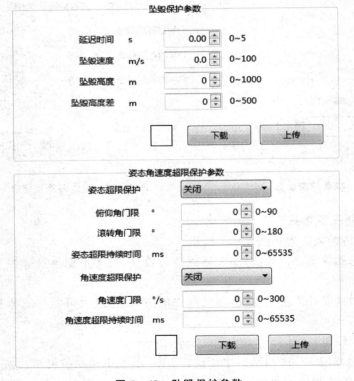

图 5 – 69　坠毁保护参数

① 延迟时间:执行保护命令时,飞控先关闭发动机输出,并在该延迟时间后,执行保护动作。

② 坠毁速度:在自动飞行模式下,飞行器垂直向下的速度达到设定值以上时,将会触发保护动作。同时飞行器自动飞行最大下降速度将会被限制为该速度的 60%。

③ 坠毁高度:在自动飞行状态下,飞行器低于设定高度后,如果进一步满足坠毁高度差的条件,且此时飞行器仍然存在竖直向下大于 2 m/s 的速度时,才会进行开伞保护。

④ 坠毁高度差:在自动飞行模式下,当前飞行高度低于目标高度,且差值超过该设定值时,则为满足坠毁高度差条件。

⑤ 姿态超限保护:如果开启该保护功能,则俯仰/滚转角超过设定门限,并超过设定保持时间时,则触发开伞保护。

⑥ 角速度超限保护:如果开启该保护功能,则角速度超过设定门限,并超过设定保持时间时,则触发开伞保护。

25）数据链路保护

数据链路保护参数设置如图 5-70 所示。

① 中断时间:当上行数据中断时间超过该设定值没有恢复,则进入保护模式。

② 保护模式:不保护,归航盘旋,归航后进入降落航线三种模式。默认为不保护。

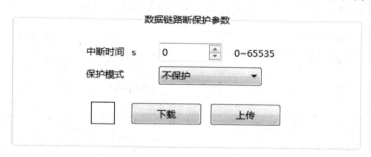

图 5-70　数据链路保护参数设置

26）GNSS 丢星保护

开启保护后,在卫星丢失后,飞行器执行八字航线飞行任务,等待卫星恢复后执行丢星前飞行任务或人工切出该状态,如图 5-71 所示。

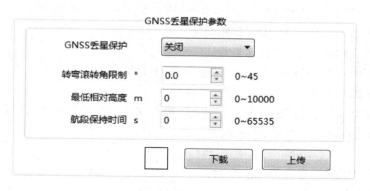

图 5-71　GNSS 丢星保护参数设置

① GNSS 丢星保护：可设置关闭或开启，默认为关闭。

② 转弯滚转角限制：执行八字航线是最大滚转角限位。

③ 最低相对高度：若丢星时飞行高度低于该值，则会爬升到该高度；若高度高于该值，则保持高度。

④ 航段保持时间：丢星后飞行器按照当前飞行方向，飞行时间到达设定值后转弯执行八字航线下一条边线。

27）熄火保护

熄火保护参数设置如图 5-72 所示。

① 保护模式：可选择禁用保护、使用保护。

② 临界转速：飞行器处于自动飞行状态，如果检测到一路或双路 RPM 的数值持续低于该临界转速设定值 1 s，都将会触发熄火保护模式。

28）航时保护

飞行器自动起飞后开始累计航时，当航时超过设定值后，执行归航盘旋或归航后降落指令，该保护在自主飞行模式下生效（若当前已进入降落航线，该保护失效），参数设置如图 5-73 所示。

① 保护方式：可设置为不保护，归航盘旋，归航后降落。

② 安全飞行航时：飞行航时达到该设定值后，触发航时保护。

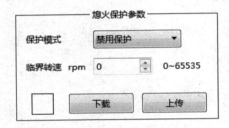

图 5-72　熄火保护参数设置

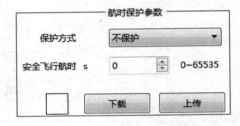

图 5-73　航时保护参数设置

29）飞控串口功能配置

飞控串口功能配置参数如图 5-74 所示。

① 串口 2 接收功能：默认为内置 GNSS 接收串口。

② 串口 2 发送功能：启用后为 RS232 电平，用于和 AheadX 系列航电产品，如黑匣子或其他协议相同设备之间通信；支持透明传输。

③ 串口 4 发送功能：默认为转速监控。

④ 串口 5 接收功能：启用后为 RS232 电平，用于和 AheadX 系列航电产品，如黑匣子或其他协议相同设备之间通信；支持透明传输。

⑤ 串口 5 发动功能：启用后为 RS232 电平，用于和 AheadX 系列航电产品，如黑匣子或其他协议相同设备之间通信；支持透明传输。

注意事项：

串口配置完成后须重启飞控才能生效。

30）动态回收

动态回收参数设置如图 5-75 所示。

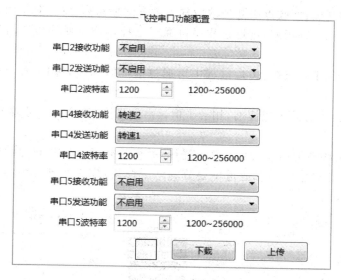

图 5－74　飞控串口功能配置

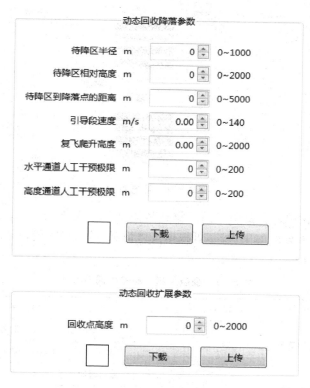

图 5－75　动态回收参数设置

① 待降区半径:飞行器在待降区过度飞行时的半径。

② 待降区相对高度:待降盘旋区相对于信标点的高度。

③ 待降区到降落点的距离:自动延伸的待降区近距离。

④ 引导段速度:动态回收过程中的目标速度,该值可通过临时速度指令快速调整。

⑤ 复飞爬升的高度:回收点决断失败后复飞爬升的相对高度(相对于回收点)。

⑥ 水平通道人工干预极限:进近过程中可通过遥控器调整侧偏位置,仅在动态回收方式为撞网时生效。

⑦ 高度通道人工干预极限:进近过程中可通过遥控器调整高偏位置,仅在动态回收方式为撞网时生效。

⑧ 回收点高度:执行开伞或撞网,相对于信标点的高度,该高度不可设置为0。

31) 姿 态

调试时,在 FW 姿态油门模式进行飞行操纵,并保持较长直线飞行,以便观察更多的控制信息反馈来作出参数调整。姿态通道主要分为两个模块:姿态角到舵面参数、荷兰滚抑制参数,如图 5-76 所示。

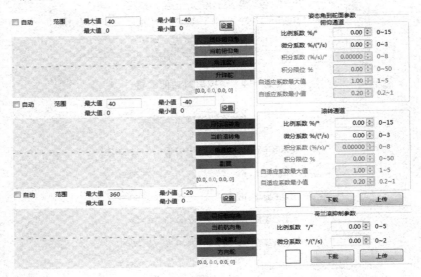

图 5-76 姿 态参数

① 姿态角到舵面参数:主要用于固定翼在姿态增稳情况下,自动稳定性的调整。对于质量较大且质量分布较为分散的飞行器,可根据具体情况,适当增大俯仰通道或滚转通道的比例系数,参数调节效果如表 5-2 所列。

表 5-2 姿态角到舵面参数调节效果

类 型	项 目	物理含义	调 节	效 果
俯仰 滚转 通道	比例系数	%/°	增大	增强跟随性,过大将引起超调震荡
			减小	减弱跟随性,过小将无法有效控制
	微分系数	%/(°/s)	增大	抑制超调现象,过大将引起高频小幅震荡
			减小	减弱抑制能力,过小将引起超调震荡

② 荷兰滚抑制参数:副翼增稳能力过大可能导致荷兰滚,此时无人机系统会根据本参数设定值调整方向舵来避免出现荷兰滚,以达到有效转弯的目的,参数调节效果如表 5-3所列。

表 5 - 3　荷兰滚抑制参数调节

类　型	项　目	物理含义	调节	效　果
荷兰滚抑制	比例系数	%/°	增大	增强方向舵航稳定性,过大可能导致航向低频震荡
			减小	减弱方向舵航稳定性,过小可能导致荷兰现象严重
	微分系数	%/(°/s)	增大	抑制超调现象,过大将引起小幅震荡
			减小	减弱抑制能力,过小将引起超调震荡

32）空速通道

空速通道用于调整固定翼无人机飞行模式时,飞行空速的跟随响应效果。通常默认参数可以较好地适应大多数机型,参数如图 5 - 77 所示,调节效果如表 5 - 4 所列。

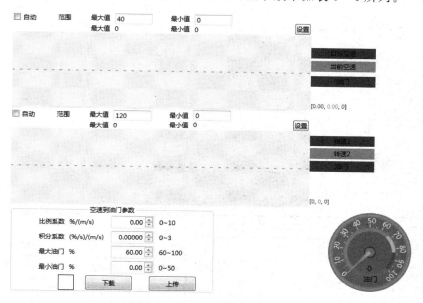

图 5 - 77　空速通道参数

表 5 - 4　空速通道参数调试效果

类　型	项　目	物理含义	调节	效　果
空速到油门	比例系数	%/(m/s)	增大	增强跟随性,过大将引起超调震荡
			减小	减弱跟随性,过小将无法稳定空速
	积分系数	(%/s)/(m/s)	增大	加快消除静差,过大将引起高频震荡
			减小	减慢消除静差,过小将无法稳定空速
	最大油门	%	增大	增大最大油门
			减小	减小最大油门,过小将无法稳定空速
	最小油门	%	增大	增大最小油门,过小将无法稳定空速
			减小	减小最小油门,过小可能导致熄火

33）高度通道

高度通道用于调节固定翼飞行模式时，飞行器高度及跟随性的保持效果，如图 5-78 所示，参数调节效果如表 5-5 所列。

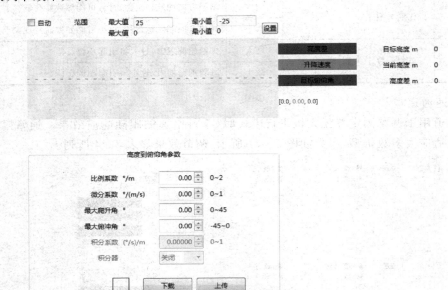

图 5-78　高度通道参数

表 5-5　高度通道参数调节效果

类　型	项　目	物理含义	调节	效　果
高度到俯仰角	比例系数	°/m	增大	增强跟随性，过大将引起超调震荡
			减小	减弱跟随性，过小将无法稳定高度
	微分系数	°/(m/s)	增大	抑制超调现象，过大将引起高频小幅震荡
			减小	减弱抑制能力，过小将引起超调震荡
	最大爬升角	°	增大	增大最大爬升角，过大将引起失速
			减小	减小最大爬升角，过小将无法稳定高度
	最大俯冲角	°	增大	增大最大俯冲角，过大将引起过载
			减小	减小最大俯冲角，过小将无法稳定高度

34）位置通道

位置通道主要调整固定翼飞行模式时及执行航线任务等状态下，飞行器执行航线的精准度。默认参数可以适应大多数飞行器，仅须根据飞行器特性调整最大滚转角参数即可，其余无须修改，如图 5-79 所示。

35）滑跑起飞通道

滑跑起飞通道主要调整自主滑跑起飞阶段的飞行参数，该项参数中包括一些建模参数。根据实际飞行器特性配置转向轮最大角度以及轴距参数，合理的参数配置将使地面滑跑阶段的控制更为精准，如图 5-80 所示。

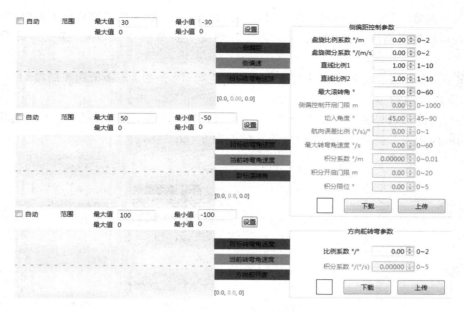

图 5-79 位置通道参数

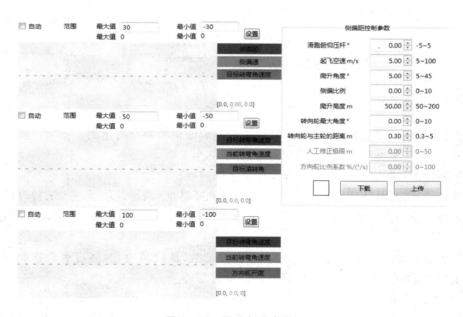

图 5-80 滑跑起飞参数

① 滑跑俯仰压杆:在滑跑起飞过程中,为增加转向轮控制效果,采取一定程度的压杆动作,压杆舵量在此处设置。

② 起飞空速:当检测飞行器空速达到该设定值并保持 200 ms 时,飞行器将拉杆起飞,离开跑道。

③ 爬升角度:在爬升过程中保持的飞行迎角。

④ 侧偏比例:地面滑跑阶段出现侧偏后的纠正控制比例量。

⑤ 爬升高度:飞行器自动起飞爬升过程中的目标高度,到达该高度后进入归航盘旋模式。

⑥ 转向轮最大角度:需要根据飞行器实际情况进行准确输入,用于建立地面滑跑控制模型。

⑦ 轴距:飞行器前轮到主起落架轴线的垂直距离,用于建立地面滑跑控制模型。

36) 滑跑降落通道

自主滑跑降落近地阶段包括斜坡下降、下滑、滚转改平、接地,该通道参数可配置进入不同阶段的判断阈值以及控制效果,滑跑降落参数如图 5-81 所示。

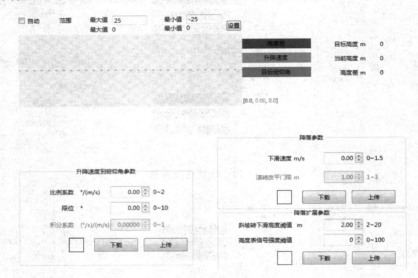

图 5-81 滑跑降落参数

① 比例系数:降落过程中,速度控制量映射到俯仰角控制量的比例。

② 限位:该控制参数可以输出的最大目标俯仰角。

③ 下降速度:进入下滑阶段后,所执行的下降速度。

④ 滚转改平门限:下滑阶段进入滚转改平的判断高度,满足该值后进入滚转改平阶段。

⑤ 斜坡转下滑高度阈值:斜坡下滑阶段进入下滑阶段的判断高度,满足该值后进入下滑阶段。

⑥ 高度表信号强度阈值:高度表可靠性设置参数,该值越大,对高度表数据判断越严格,所使用的高度表数据越准确,一般按照默认值设置即可。

37) 磁罗盘校准

所有无人机设备安装 LEO 后必须完成并通过一次磁罗盘高级校准,以保证导航飞控系统的正常运行。如果对无人机航电设备,机械结构进行重大改动,须重新进行磁罗盘高级校准。

在未改动无人机航电设备、机械结构的前提下,如果出现长距离的飞行场地变更,当地磁环境变化等情况可能出现磁参考超限现象,此时只须执行磁罗盘快速校准即可,参数如图 5-82 所示。

注意事项:

当地磁偏角数据是非常重要的,未按照实际情况设置可能会导致严重事故。

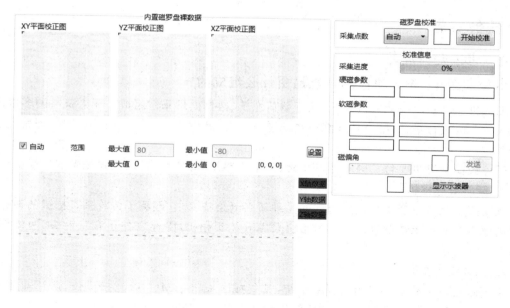

图 5-82　磁罗盘校准参数

任务 5.4　航测系统

一、任务导入

航测系统属于无人机任务载荷系统的一部分,在一些行业应用领域经常会见到一些航测无人机搭载相机,通过地面站操纵进行定点拍照或等时间间隔拍照,完成任务之后将数据导出,数据经过处理之后就是我们看到的航测效果图。随着科技的发展,原来的航测系统已经不能满足日益增加的测量需求,于是出现了许多先进的相机、飞控及地面站系统。

二、任务分析

1. 任务要求

① 学习并掌握固定翼无人机的组成。

② 学习并掌握平面翼型参数和剖面翼型参数。

2. 实施方法

(1) 理论教学

组织形式:以班级为单位进行双师云课堂或线下授课。

教学方法:采用多媒体教学、结合实物、挂图进行理论讲授。

(2) 实训教学

组织形式:对班级全体学生进行分组,每组数控制在 6～8 人。

教学方法:老师示范,学生自行讨论研究,轮流动手操作,由助教进行巡回指导,并将问题反馈给老师。或老师示范后,学生分组操作,老师巡回指导。

三、任务实施

第一步：知识准备

引导问题 1：无人机航测系统是由什么组成的？

无人机航测系统由无人机系统、任务载荷系统、数据处理系统组成。无人机航测多以固定翼无人机作为飞行平台，结合任务载荷系统进行作业，最后通过数据传输及后期处理完成航测任务。

任务载荷系统主要包括倾斜摄影相机、光学传感器、红外扫描仪、机载激光雷达等。

1. 倾斜摄影相机

倾斜摄影相机是近年来发展起来的一种新兴测绘技术，它颠覆了传统垂直拍摄的理念，从不同角度更全面地感知信息。倾斜摄影机采用五镜头相机，除此之外还有三镜头、两镜头等，如图 5 - 83 所示。

2. 机载激光雷达

机载激光雷达是激光探测及测距系统，其集成了 GPS、IMU、激光扫描仪，广泛应用于地形测绘、森林资源测绘、浅滩测绘、气象测绘和武器制导等方面，如图 5 - 84 所示。

图 5 - 83　倾斜摄影相机

图 5 - 84　AS - 100 多平台激光雷达系统

引导问题 2：航测常使用的后期处理软件有哪些？

1. APS

APS 是一套介绍专业无人机航测后处理软件全自动处理软件，可以处理任何带有 GPS 的 UAV 影像，包括产制 DTM、等高线、正射镶嵌影像、DSM、3D 点云等，如图 5 - 85 所示。

2. PIX 4D

PIX 4D 数据处理软件是一款专业的摄影测试软件，可以在台式电脑或手提电脑上运行，只须单击几次鼠标，就可将飞机航片生成公分级的 2D 正射影像图和 3D 模型，其界面如图 5 - 86 所示。为增强效果，PIX 4D 数据处理

图 5 - 85　APS

软件具有无缝拼接和曝光控制功能。在野外，PIX 4D 数据处理软件使用获取航片数量的 25％，用于快速检查重叠率和正射影像精度。

3. LiDAR360

LiDAR360 是数字绿土自主研发的一个专业的点云处理软件,其包含了丰富的点云数据处理工具,可以有效地可视化、编辑、分析以及生成面向不同行业的地理空间产品,其界面如图 5-87 所示。

图 5-86　PIX 4D 界面

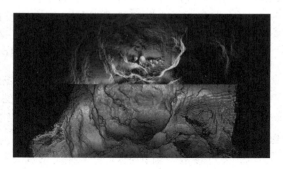

图 5-87　LiDAR360 界面

第二步：实训操作

1. 作业准备

① 准备航测相机一部,本任务以莱卡相机为例。

② 准备固定翼无人机地面站软件及航测无人机,用于安装调试莱卡相机。

2. 操作过程

(1) 莱卡相机设置方法

不同相机的相关参数的设置方法是不同的,并且按钮的调节也不尽相同。要想拍摄出满意的照片,就需要事先做好充足的准备,将各个按钮归位以及各个参数都调节好。

1) 自动对焦与手动对焦

在一些手持相机上,自动对焦与手动对焦需要自主地进行切换,莱卡相机中有适合无人机航测使用的相机,所以对焦情况一般选择手动对焦,并将镜头焦距调整为无限远且锁定,否则在执行拍照时自动对焦将引起镜头调整延迟,导致拍照指令延迟失效。

2) 遮光罩的安装

遮光罩的安装对拍摄效果影响是十分巨大的,尤其是航测无人机在高空飞行时,良好的遮光效果可以使拍摄出更加清楚的照片,遮光罩的安装方法十分简单,只须稍用力拧平遮光罩即可。

3) jpeg 像素的设置

在莱卡相机中,jpeg 的像素设置有四个挡位,每一挡有三个数字,这三个数字分别对应 28 mm、35 mm、50 mm 拍出来的照片解析度。

4) 变焦/锁定按钮的设置

只须把按钮设置为 AEL(锁定曝光),这样更方便进行拍照。

(2) 莱卡相机的安装

由于目前固定翼航测无人机的相机一般搭载在机身下部,所以相机安装都比较方便,只须将对应卡槽安装到固定翼无人机身上,然后将卡扣装置在安装好的卡槽内,这样相机就可以固定在了机身上，并且十分牢固。固定翼无人机狮子座 LEO 飞控有专门的给机载设备供电的接口，与相机连接，还有将相机的信号线接入到飞控通信口处，由于搭载飞控，所以需要飞控控制拍摄快门，如果触发机制为高低电平变化，通常拍摄需要单独分配一路 PWM 输出。选择对应的 PWM 编号，修改舵机模式为拍摄，此时 PWM 输出脉宽自动锁定为最小值 0，最大值 20 000。拍摄待命时，该路信号输出持续保持低电平状态；执行拍摄时刻，信号输出保持高电平并持续 200 ms，这样就完成了相机的安装及连接。

注意事项：

如果拍摄快门为下降沿触发，须将该路 PWM 输出方向设置为"反向"。

（3）地面站控制

目前大对数航测地面站都与使用的飞控型号有关，并且都有明确的相机参数设置。

① 选择相机后会自动生成照片分辨率、传感器尺寸、镜头焦距等信息，焦距信息可根据实际修改。

② 飞行参数。航拍航线生成所须飞机飞行参数，连接飞控后单击获取。

③ 航测设置。配置航线高度参考类型（配置为海拔高度后要选择成图面海拔作为高度参考）以及成图精度相关的参数，配置完成后单击计算。

④ 计算完成后将自动给出扫描航线所需高度、速度、航带间隔、拍照间距等参数。同时根据飞行器实际需求输入转弯过渡时间（该时间与飞行速度乘积为转弯增加的额外距离），目的是保证飞行器在转弯时，调整姿态稳定并准确地进入下一拍摄航段。如图 5-88 所示。

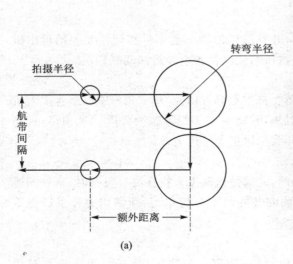

(a)

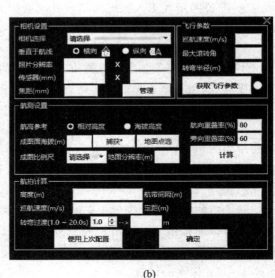

(b)

图 5-88　航测信息

⑤ 导出航拍点信息。清除信息用于清空飞控内存储的已有 POS 点信息。拍照一次立刻发送一次拍照指令，通常用于地面测试，或飞行过程中单独拍照使用。下载：指定保存路径单击下载，即可从飞控中下载已有 POS 点数据，生成 CSV 文件。需要导出拍摄内容时，单击下载键，导出到相应位置即可，如图 5-89 所示。

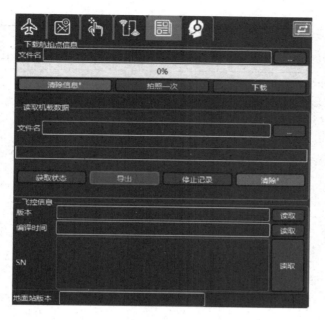

图 5 - 89　导出航拍点信息

项目核验

项目核验单							
班　级		姓　名		学　号		日　期	

一、相关知识

1. 简述活塞发动机的组成。

2. 简述固定翼 LEO 狮子座飞控接口的定义。

3. 简述活塞发动机调节油针的步骤。

4. 简述无人机航测系统的组成。

续表

		项目核验单					
班　级		姓　名		学　号		日　期	

二、操作内容

1. 以油动固定翼小金星为例进行装配训练,并详细记录装配过程及注意事项。

2. 以任意固定翼飞控作为飞行控制器,以小金星作为飞行平台,并详细记录装配和调试过程及注意事项。

三、评价反馈

1. 自我评价

2. 学生建议

成绩评定			教　师	

项目 6　无人直升机装配与调试

【项目描述】

近年来,随着各种复合材料、动力系统以及飞行控制系统等的迅猛发展,无人直升机也得到了迅速发展。无人直升机不需要发射系统,而且还能够垂直起降和自由悬停,飞行起来灵活性非常高。本项目主要介绍无人直升机的结构,无人直升机的装配流程及方法,无人直升机的调试等。

进行无人直升机装配与调试之前,应先对无人直升机的结构组成以及空气动力特性有基本的认识,从而在组装过程中能够清楚地了解到无人直升机各部分对整机性能和飞行的影响。无人直升机结构复杂,整体的装配与调试结果直接影响飞行效果,所以在装配与调试之前,要知道无人直升机的构造的同时还要了解组装过程中各个部件的作用,以及无人直升机与多旋翼无人机的区别。要按照顺序以及产品的技术要求完成调试工作。

【项目要求】

① 掌握无人直升机的内部结构组成。
② 掌握装配过程中的注意事项。
③ 了解无人直升机的分类。
④ 了解无人直升机的部件名称以及作用。
⑤ 掌握无人直升机调试流程以及注意事项。

任务 6.1　无人直升机结构组成

一、任务导入

无人直升机是指依靠动力系统驱动旋翼产生升力的飞行器,在功能上属于垂直起降飞行器。要了解无人直升机的工作原理,首先要了解无人直升机的结构组成以及各部件的工作原理。本任务主要是掌握无人直升机的结构组成。

二、任务分析

1. 任务要求

① 学习并掌握无人直升机的结构组成。
② 掌握旋翼有哪几种分类。
③ 了解旋翼的结构形式。
④ 了解无人直升机是如何改变方向的。
⑤ 掌握螺旋桨与旋翼的区别。

2．实施方法

（1）理论教学

组织形式：以班级为单位进行双师云课堂或线下授课。

教学方法：采用多媒体教学，结合实物、挂图进行理论讲授。

（2）实训教学

组织形式：学生分组，每组 4～5 人进行实训。

教学方法：老师示范后进行巡回指导，学生小组讨论、探究、轮流动手操作。

三、任务实施

第一步：知识准备

无人直升机主要由主旋翼、尾桨、起落架、动力系统、操作系统、机身等组成。本任务主要对直升机的组成部分进行介绍。

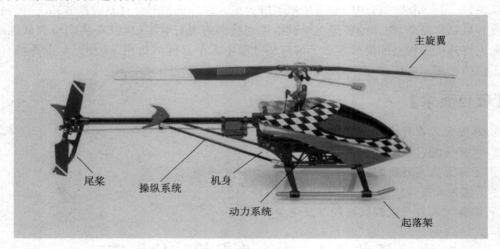

图 6-1　无人直升机的基本构造

引导问题 1：无人直升机的主旋翼以及结构形式是怎样的？

1．主旋翼及其结构形式

主旋翼是无人直升机的重要部件，其可以把发动机带动旋翼旋转产生的动能转换成旋翼的拉力。飞行器飞行时，无人直升机的旋翼与固定翼的机翼类似，可以起到副翼与升降舵的作用。无人直升机前进时，为了克服空气阻力，旋翼还会产生一个向前的水平分力。侧飞与后飞时，旋翼会产生侧向或者向后的水平分力。

无人直升机的主旋翼由桨毂和数片桨叶构成。桨毂安装在旋翼轴上，桨叶则安装在桨毂上。按照桨叶与桨毂连接的方式不同，主旋翼的结构形式可以分为铰接式、无铰式、半铰式和无轴承式。

（1）铰接式

如图 6-2 所示，为了解决直升机两侧受力不均，容易造成直升机机体失去平衡向一边翻转的问题，发明了铰接式结构。旋翼的桨毂上设置了水平铰、垂直铰和轴向铰。水平铰也称挥舞铰，允许桨叶上下挥舞，从而使机身不产生大的倾斜；垂直铰也称摆振铰，允许桨叶前后做小

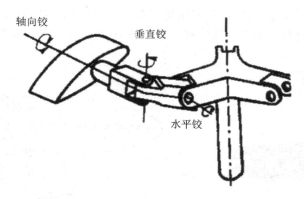

图 6 - 2　无人直升机铰接式主旋翼

幅度的摆动,尽可能避免桨叶叶根处变弯或断裂;轴向铰也称变距铰,在旋翼的根部作用在每一片桨叶上,绕轴线在一定范围内偏转来改变安装角的大小,从而调整桨叶产生升力。缺点是结构复杂,不便于维护。

(2)无铰式

取消了水平铰和垂直铰,只有轴向铰。通过叶根部的弯曲和变形来实现桨叶的挥舞和摆振。与铰接式相比,结构简单但是旋翼的载荷较大。

(3)半铰式

取消了垂直铰,有轴向铰和水平铰。旋翼只有两片桨叶通过中心水平铰的桨毂相连,结构简单,但操纵性差。

(4)无轴承式

没有水平铰、垂直铰和轴向铰,而是通过桨叶根部的变形以及扭转,来实现桨叶的变距运动。其结构简单、维护方便、可靠性高,但对叶根部的材料要求很高。

若需要判断无人直升机旋翼的旋转方向,则可利用"右手定则",即伸出右手,大拇指指向产生旋翼升力的方向,四指握拳的方向与旋翼旋转方向一致,即可断定该旋翼为右旋。

2. 主旋翼的作用

① 产生升力,用来平衡直升机的重力以及机身、平尾、机翼等部件在垂直方向上的分力。

② 直升机在悬停时,产生的向后水平分力,可以使直升机进行侧飞或者后飞。

③ 产生向前的水平分力,克服空气带来的阻力使直升机向前运动。

④ 产生分力和力矩,对直升机进行控制或激动飞行,类似于固定翼无人机上的各种操纵面。

引导问题 2：尾桨的作用是什么？

尾桨的全称为抗扭螺旋桨,如图 6 - 3 所示。旋翼在产生升力时,根据牛顿第三定律知力的作用是相互的,所以无人直升机的机体会向主旋翼旋转的反方向转动。为了抵消反作用力矩,使机体保持平衡状态,在机尾装一个向侧面吹风的小螺旋桨——尾桨。尾桨除了可以抵消反扭力还可以通过改变拉力的大小操纵航向,如图 6 - 4 所示。目前,尾桨大多为 2～6 片,直径是旋翼的 1/6～1/5,所以尾桨的转速远远大于主旋翼。

尾桨一般安装在尾梁后部或垂尾上。低置尾桨有助于减轻结构重量并且还有助于减小传动系统的复杂性,但尾桨处在旋翼尾流之中,容易受到气动干扰,同时尾桨过低会增加触地的风险。高置尾桨有利于提高尾桨效率,但结构复杂,会产生一定的侧倾力矩。尾桨分为推式尾桨和拉式尾桨。推式尾桨依靠推力可使机体摆正,拉式尾桨依靠拉力可使机体摆正。

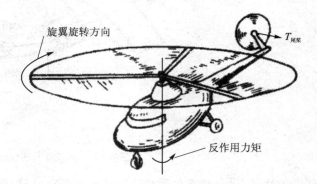

图 6-3 直升机尾桨   图 6-4 直升机尾桨平衡反作用力矩

引导问题 3:起落架有什么作用?

起落架是直升机用于地面停放以及着陆时可以吸收与地面的接地能量,减少着陆时机体受到的撞击载荷的装置。目前无人直升机起落架一般分轮式和橇式,如图 6-5 和图 6-6 所示。

图 6-5 轮式起落架无人直升机

图 6-6 橇式起落架无人直升机

引导问题 4：无人直升机的动力系统是什么？

无人直升机的动力系统是将无刷电机的动力传递给主旋翼和尾桨的重要动力部件，如图 6-7 所示。无人直升机的动力系统使直升机的主旋翼转动产生升力，并通过尾桨的协调转动平衡扭矩。无人直升机的动力系统通常主要包括无刷电机、主减速器、尾减速器、中间减速器和传动轴。

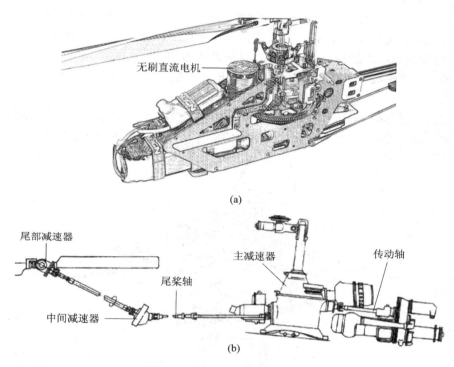

图 6-7 无人直升机动力系统

（1）无刷电机

无刷电机由多极绕组定子、位置传感器、永磁体转子等组成。无刷电机是指无电刷和换向器（或集电环）的电机，又称无换向器电机。无刷电机采用了半导体开关器件实现电子的阻转向，具有噪声低、可靠性高、无转向火花等优点。

（2）主减速器

主减速器是无人直升机中最重要同时也是最大、最复杂的部件，与发动机的功率输入轴与输出轴相连，在主减速器上带动尾传动轴的输出轴。一般直升机的主减速器为齿轮传动式主减速器。其可以把高转速、小扭矩的发动机功率变成低转速、大扭矩后再传递给旋翼轴。

（3）传动轴

传动轴根据用途可以分为主轴、中间传动轴和尾部传动轴等。动力输入轴连接发动机与主减速器，主减速器通过尾部传动轴向尾桨传递功率。一般轴的负荷较大，使用条件相对复杂，所以对平衡震动特性及轴的可靠性要求相对较高。在传动轴上还有各种联轴器，联轴器是传动轴与轴之间的连接装置。

（4）中间减速器

中间减速器的作用是降低尾桨的转速，安装在无人直升机的主减速器与尾减速器之间，主要是由一堆伞齿轮组成,夹角取决于尾传动轴转折的要求。

（5）尾减速器

尾减速器作用是将功率传递给尾桨。

引导问题 5：无人直升机的操纵系统是什么？

无人直升机操纵系统是指传递自动驾驶仪的操纵指令,驱动舵面和其他机构以控制飞机飞行姿态的系统。无人直升机不同于固定翼无人机,在飞行中,一般没有供操纵的活动舵面。操纵系统也是直升机重要部件之一,直升机的操纵系统是传递操纵指令,通过控制舵机进行总距操纵、变距操纵的操纵结构。操纵手通过操纵系统来实现控制直升机飞行。直升机在空间里只需要四个操纵系统就可以实现直升机的上下前后左右运动,即总距、纵向、横向和航向四个操纵系统。

自动倾斜器简称倾斜盘,俗称十字盘,如图 6-8 所示。自动倾斜器是用来传递操作指令转化为旋翼桨叶受控运动的装置,通过自动倾斜器实现对直升机飞行状态的操纵。

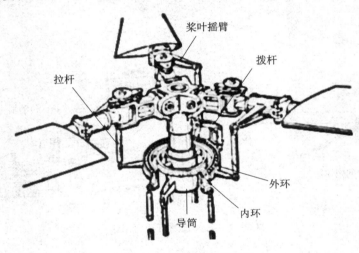

图 6-8　自动倾斜器构造

自动倾斜器主要由旋转环、内环、外环、滑筒、导筒等组成。旋转环通过拨杆与旋翼桨毂相连,内环通过滚动轴承与旋转环相连,旋转环与拨杆和桨毂相连,内环通过万向接头固定在滑筒上,滑筒安装在旋翼旋转轴外,但滑筒与内环不随旋转轴转动。滑筒可以沿着旋转轴上下滑动,从而带动变矩拉杆上下移动改变主旋翼上桨叶总矩的大小。

总距操纵如图 6-9 所示,是用来控制直升机旋翼的总桨距,使直升机实现上升下降,与自动倾斜器的滑筒相连。总距操纵杆上移,自动倾斜器的转动部分也会随着移动,使旋翼上左右桨叶迎角增大,从而旋翼升力增大,直升机就会上升（直升机旋翼的转速一般都是相对固定的）,反之则会下降。

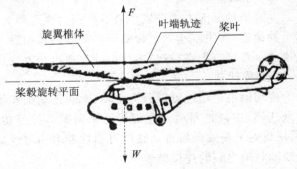

图 6-9　直升机总距操作

无人直升机周期变距操纵如图 6 - 10 所示,用来控制直升机的飞行方向(横滚和俯仰),与自动倾斜器的内环相连,通过操纵自动倾斜器使桨叶的桨距周期性地改变(在旋翼旋转一周中,每片桨叶的桨距随着旋翼旋转所出现的由小到大,有大到小的周期变化,叫做桨叶的周期变距),并因此引起桨叶的周期挥舞,最终使旋翼锥体向操纵方向倾斜。由于拉力基本上垂直于桨盘平面,因而拉力也向前方向倾斜,从而实现了俯仰、横滚操纵。当操纵控制飞机前、后、左、右运动时,通过机械结构传动,最终会使自动倾斜器相应的向前、后、左、右倾斜,从而实现控制飞行器前后左右运动。例如,当拉力前倾时,产生向前的分力,直升机就会向前运动;当拉力后倾时,产生向后的分力,直升机则会向后运动。

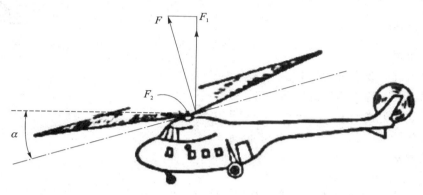

图 6 - 10　无人直升机变距操作

机身用来支持和固定直升机部件、系统,把它们连接成一个整体,是直升机的重要部件。为了满足直升机的技术要求,可在机身装载各种所需设备。

引导问题 6:无人直升机的旋翼与多旋翼螺旋桨有什么不同?

多旋翼无人机和无人直升机都是靠旋翼产生升力来飞行的,可是它们又有本质的区别。螺旋桨如图 6 - 11(a)所示,是靠桨叶在空气或水中旋转,将发动机转动功率转化为推进力的装置。旋翼如图 6 - 11(b)所示,产生升力的原理和固定翼一样,只是整体非常细长。

(a) 多旋翼螺旋桨　　　　　　(b) 直升机旋翼

图 6 - 11　旋翼和螺旋桨

两者的区别如下:

相同点:① 都是通过旋转产生升力或推(拉)力;② 旋翼与螺旋桨都是由几片桨叶组成。

不同点:① 外观,螺旋桨从桨尖到桨根成几何扭转,旋翼几乎不扭转,即使有也特别的小;② 旋翼仅仅是通过旋转产生空气动力实现某一方向的推(拉)力,其旋转平面几乎不倾斜,而旋翼因为有铰的作用则会小范围的倾斜。③ 多旋翼是通过螺旋桨的转速不同实现飞行器的前进、后退、上升、下降、向左以及向右飞行,而直升机是通过自动倾斜器改变飞行器的转向。

任务6.2　无人直升机装配

一、任务导入

无人直升机的装配一般包括主机身、电子设备、主旋翼、尾桨的组装。本任务以亚拓450 L无人直升机为例,介绍各部分的组装过程。

无人直升机
组装

二、任务分析

1. 任务要求

① 了解组装需要准备的工具。

② 掌握组装工程中的注意事项。

③ 掌握舵机怎样调平。

④ 掌握装机顺序。

2. 实施方法

(1) 理论教学

组织形式:学生以班级为单位进行双师云课堂或线下授课。

教学方法:采用多媒体教学,结合实物、挂图进行理论讲授。

(2) 实训教学

组织形式:学生分组,每组4～5人进行分组实训。

教学方法:老师示范装配过程后进行巡回指导,学生小组讨论、探究、轮流动手操作。

三、任务实施

引导问题1:组装无人直升机需要哪些工具?

组装无人直升机需要的工具有:两套内六角螺丝刀、尖嘴钳、斜口钳、球头钳、小刀、电烙铁、螺丝胶、热缩管、调平器等。

引导问题2:无人直升机如何组装?

在上螺丝之前要先涂上螺丝胶,以防螺丝用久后出现松动现象(配件已装好的部分要拆下螺丝打螺丝胶),轴承部分要拆开涂润滑油。

1. 主旋翼

① 在十字盘中装上连杆和连杆头,将主旋翼夹座连杆锁入十字盘的球头上。

② 通过主轴连接十字盘和主旋翼夹座,如图6-12所示。

注意事项:

● 螺丝胶不要涂太多,以免粘到轴承。

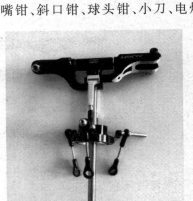

图6-12　旋翼组

- 装主轴时手尽量不要碰到,容易生锈。
- 两个旋翼头之间的距离大概是 10.5 mm。
- 在主旋翼夹座中有止推轴承,属于飞行消耗品,建议每飞行 20 次定期检查及更换,在高转速主旋翼飞行时,缩短定期检查时间以及飞行次数。

2. 主机身

① 把尾管座和两块主轴座安装在一边的侧板上,然后安装陀螺仪底座和接收机底座。

② 安装另一半侧板,如图 6-13 所示。

③ 将起落架安装在机身下方,如图 6-14 所示。

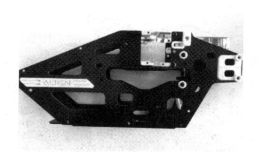

图 6-13　机身侧板

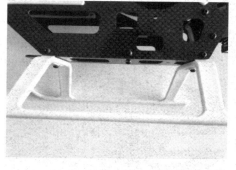

图 6-14　起落架

④ 两片加强件。字母朝正安装,进一步固定机身侧板。

⑤ 齿盘以及第一步的旋翼组(两个小球头朝前,导板长球头朝后)。齿盘的螺丝孔位与主轴底部的螺丝孔位对其,螺丝和螺母上紧即可如图 6-15 所示。

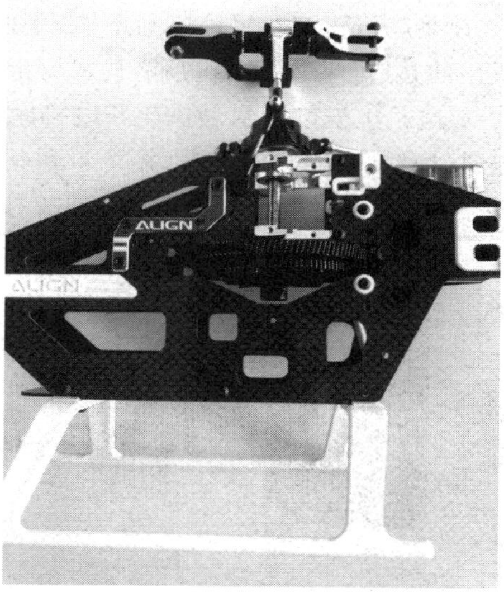

注意事项:

- 尾管座先上一边,在后面的步骤插入尾管后,方可拧紧螺丝。
- 在装主轴座时可以先不涂螺丝胶,防止侧板变形。
- 起落架安装在侧板上时,两侧有两根长螺丝,可以拧在最后边,来固定尾撑杆。
- 在固定两块加强件时,先固定上下两颗螺丝,因为中间两个螺丝孔用来固定电机座。
- 在装齿盘时,先把螺母装上。

图 6-15　主机身

3. 电子设备

舵机安装好后,通电将舵机齿轮调平后再安装舵机臂,在舵机臂上安装球头,用球头钳使十字盘的连杆和舵机上安装的球头连接。

舵机调平:焊好的电调与电池通电,将电调的信号线插接收机第 3 通道,打开遥控器与接收机对频,将舵机的信号线插接收机的第 1 通道,此时会听到舵机齿轮转动,说明舵机已经调平。

在使用无平衡系统时,务必使用调平器校正十字盘,调整舵机连杆长度,确保十字盘连到水平状态,再进行基本机体设定,这样才能确保飞行性能达到最佳效果。

① 先装除锁尾舵机外的三个舵机,其中两个舵机安装在主轴座上(舵机齿轮朝上)如图 6 - 16(a)所示,第三个舵机安装在两个舵机任意旁边即可(舵机齿轮朝下)如图 6 - 16(b)所示,舵机调平后安装上舵机臂,然后在舵机臂上安装好球头并与十字盘的连杆头相连接,最后安装十字盘的导板和机头罩的固定柱。

 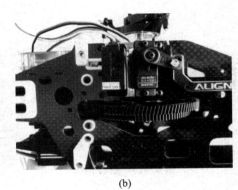

(a) (b)

图 6 - 16 三颗舵机安装

② 锁尾舵机安装在尾管座的下边,用四颗自攻螺丝拧紧即可,如图 6 - 17 所示。只有锁尾舵机用的是"十字"舵机臂,所有舵机臂的球头都安装在第 2 个孔位中。

③ 在电机上安装电机斜齿轮和电机座如图 6 - 18 所示。电机轴有止动螺丝孔位,用螺丝刀把电机轴和电机斜齿轮拧紧,用两颗螺丝固定电机座。

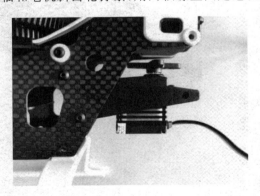 

图 6 - 17 锁尾舵机 图 6 - 18 电机斜齿轮和电机座

④ 电机安装如图 6 - 19 所示,用两块加强件的 4 颗螺丝固定。

⑤ 电调安装(先焊上 XT60 的插头)如图 6 - 20(a)所示,将电调插到电机上,安装到盖板上(电调放盖板上),如图 6 - 20(b)所示。

⑥ GPS 安装如图 6 - 21 所示,用 3M 胶粘到飞控底座上。

图 6 - 19　电机安装

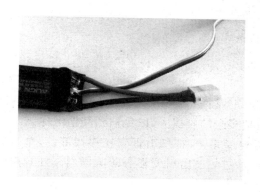

(a)

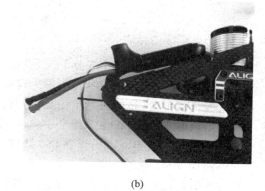

(b)

图 6 - 20　电调安装

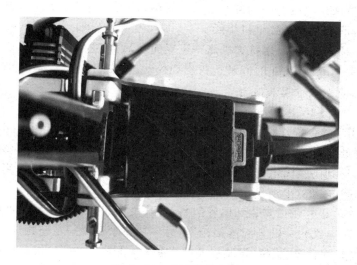

图 6 - 21　GPS 安装位置

⑦ 飞控接线如图 6-22 所示。

图 6-22 飞控接线

注意事项：
- 开舵机包装时，注意不要划到舵机线。
- 上锁尾舵机的自攻螺丝时，不需要打螺丝胶（尼龙件）。
- 安装电机齿时，在电机轴上涂点胶，装完后把多余的胶擦去，以免粘到其他配件。
- 焊电调时，先将两根电源线套上热缩管，等焊接完毕，将热缩管套在焊接部位，拿打火机加热一下去掉即可。焊 XT60 插口时，容易过热使塑料变形香蕉头倾斜。注意电烙铁使用安全，避免烫伤。
- 在安装好电机后，从机身下方看电机齿下缘必须和主齿盘下缘水平切齐，如此才能确保齿轮传动顺畅，避免电机主齿根部与新型斜主齿轮产生异常干涉磨损。电机前后可移动以保持两齿轮咬合处约有 0.1 mm 间隙，过紧的齿咬合会造成动力损失或电机高阻力过载，严重时会导致电机烧毁。
- 在粘 GPS 时，我们可以用打火机烤一下双面贴，黏贴更牢固
- 用扎带捆一下电调，防止时间长运行出现松动。
- 调整线路，使飞机看起来整洁。

4. 尾旋翼组

① 先将轴承用胶粘在传动轴的中间部位，如图 6-23(a)所示，静置两小时左右；将传动轴插到尾管中，安装固定环和尾桨拉杆，如图 6-23(b)所示；将有"T"型标识的一方，如图 6-23(c)所示，插到已经固定在机身上的尾管座上并注意方向，将拉杆用球头与锁尾舵机的舵机臂相连，如图 6-23(d)所示。

② 将尾桨夹（见图 6-24）安装到尾管的另一端，拉杆的另一端与尾桨夹的球头相连。

③ 尾撑（见图 6-25），一端与起落架相连，另一端与水平翼固定座相连。

④ 最后，安装好垂直翼、旋翼、尾桨以及机身护罩（见图 6-26），此时安装就完成了。

注意事项：
- 安装轴承时，大概在传动杆 20.5 cm 的部位，用胶粘住两个小时左右安装到尾管中。

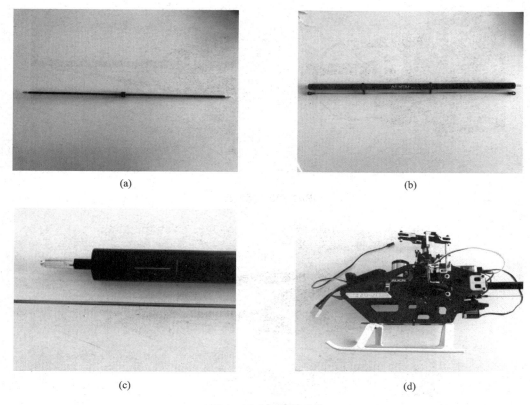

(a)

(b)

(c)

(d)

图 6 - 23　尾管的安装

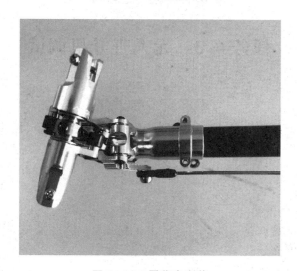

图 6 - 24　尾桨夹安装

　　安装时,在轴承外部涂点润滑油,方便安装。

● 安装尾桨夹时注意方向。

● 安装尾桨拉杆时,注意转环的长度。

● 锁紧主旋翼螺丝时注意适当紧度即可,过紧可能导致主旋翼夹座受损,飞行意外发生。

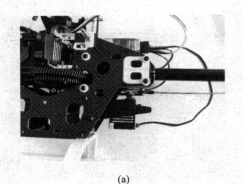
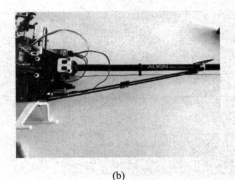

(a)   (b)

图 6 - 25 尾 撑

图 6 - 26 旋翼、机头罩安装

任务 6.3 无人直升机调试

一、任务导入

无人直升机调试以 Radio minipix 飞控为例,介绍飞控的安装、插线以及调试。

二、任务分析

1. 任务要求

① 掌握直升机十字盘调整。

② 掌握十字盘角度介绍。

③ 掌握尾舵行程以及正反设置。

④ 掌握 PID 调整。

⑤ 掌握螺距曲线设置。

2. 实施方法

本任务以理论教学为主,其组织形式和教学方法如下:

无人直升机
调试

组织形式:学生以班为单位进行集中讲授

教学方法:采用双师云课堂、多媒体教学,实物结合以及图片形式进行理论讲授。

三、任务实施

引导问题 1:直升机的舵机与飞控怎么连接?

飞控连接如图 6－27 所示:

飞控 ESC1→副翼(左边舵机);

飞控 ESC2→升降(后舵机);

飞控 ESC3→螺距(右舵机);

飞控 ESC4→尾舵(尾部舵机);

飞控 ESC6→电机。

因为此飞控没有电压输出输入功能,需要使用带 BEC 电调给舵机供电。

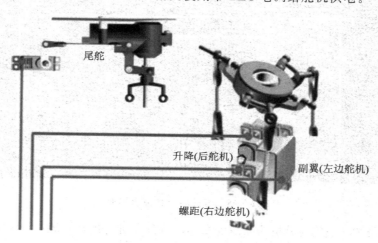

尾舵

升降(后舵机)

副翼(左边舵机)

螺距(右边舵机)

图 6－27　舵机与飞控接线

飞控配件连接:

接收机模块:用 3pin 舵机接口连接到飞控 RC IN/RSSI 端口。

蜂鸣器安全开关模式:用 5pin GH 插线连接至飞控 SAFETY/BUZZER 端口。

GPS＋罗盘:用 6pin GH 插线连接至飞控 GPS/I^{2}C 端口,注意安装方向与飞控一致。

引导问题 2:在调试之前需要进行哪些步骤?

① 首先断开电机与电调的接线,确保在解锁时,电机不会出现转动。

② 连接锂电池进行给飞控供电。

③ USB 连接飞控与 Mission Planner For Radiolink 地面站软件。

④ 安装好直升机固件。

⑤ 打开配置/调试→必要硬件→直升机安装。

⑥ 只有在自稳 stabilize 模式或者 arco 特技模式时才可以输出控制,其他模式无法进行调整测试。

⑦ 按下安全开关,直到红灯常亮。

引导问题 3：直升机调试有哪些步骤？

1. 直升机参数设置界面

直升机参数设置界面如图 6 - 28 所示。

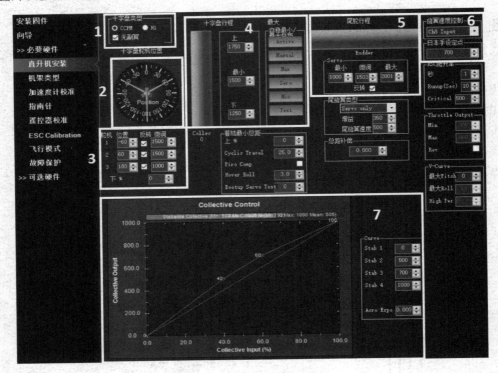

图 6 - 28 直升机参数设置界面

① 直升机类型。一般直升机为 CCPM 结构，当直升机有副翼（希拉小翼）时，取消无副翼的勾选。

② 直升机十字盘（自动倾斜器）角度显示介绍。

③ 十字盘舵机角度、正反、中立点微调。

④ 十字盘行程设置，调试时具体讲解。

⑤ 尾舵行程，正反设置

⑥ 主电机控制类型设置，此处推荐设置为定速，具体油门大小与飞机有关。

旋翼速度控制（电机控制类型），推荐设置为 SetPoint

日本手设定点（定速油门），初始推荐为 510 进行初始测试，构面可以根据需要调整大小（代表 51% 的油门输出），然后通过遥控器设置控制开关（两段开关），在解锁后开关量大于 1 800，飞控会输出 50% 的油门大小。

注意事项：

● 注意在设置定速油门值时必须大于 500。

● 在未解锁前，不要打开输出功能，否则无法解锁。

● 可能会出现地面站界面无法再次修改定速油门值，可以修改参数 H_RCS_SETPOINT 进行设置。

⑦ 螺距曲线设置,可以设置四个点的百分点,推荐中间两个点的曲线平滑一点,修改 Stab2 为 450,Stab3 为 550。

2. 十字盘行程介绍

校准完毕后再调整十字盘舵机,遥控器控制将有正确动作响应,如表 6−1 所列。

表 6−1 遥控舵机反应

遥控器动作	十字盘动作
1 通道向左	左边舵机向下,右边舵机向上
1 通道向右	左边舵机向下,右边舵机向下
3 通道向上	3 个舵机向上
3 通道向上	3 处舵机向下

当某一舵机转向不对时,在直升机组装页面中设置正反,在需要反向时勾选对应的舵机即可。

3. 十字盘行程设置

上下±10°为限制。

① 首先把螺距尺装到螺旋桨上。

② 打开地面站的直升机安装设置页面,单击提示的 Max 按钮,之后看螺距尺的度数显示,调整数字框中的数字,直到螺距尺显示为+10°,如图 6−29 所示。

③ −10°设置如图 6−30 所示,先单击图 6−30 中的 Min 按钮,再查看螺距尺度数,调整下框中数字大小,使螺距尺度数为−10°。

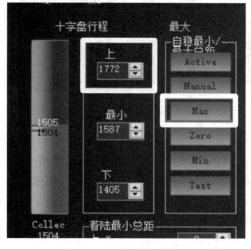

图 6−29 十字盘行程设置

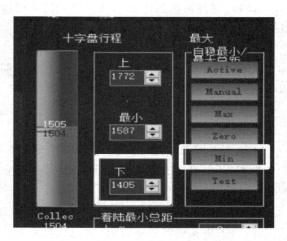

图 6−30 十字盘行程设置

④ 零度设置如图 6−31 所示,先单击图 6−31 中的 Zero 按钮,再查看螺距尺数值,调整小框中数字大小,使螺距尺度数为 0°。

3. 尾舵行程设置

① 首先调整尾舵,使用遥控器控制,左右查看动作是否正确,是否有对应的反向扭力,不

让飞机自旋,当反转时取消反转勾选,如图 6-32 所示。

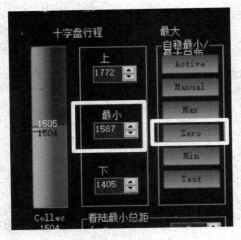

图 6-31　十字盘行程设置

图 6-32　尾舵行程设置

② 行程校准使用与十字盘方法一致,先单击 Max 按钮,调整到最大的值,选择到所能到的最大角度。

③ 电机 Min 调整最小的值,选择到所能到的最大角度。

④ 单击电机 Zero 按钮,调整微调的值,选择正确 0°值。

4. 直升机缓慢启动

设置缓慢启动是为了应对尾舵缓慢修正带来的飞机旋转,电机一定时间输出最高转速如图 6-33 所示。

① 秒:飞控输出给电机信号延迟时间不用修改,默认即可。

② Runup(Sec):电机到达最大速度,定速时间,推荐加大到 20 或 30 m,因为刚开始锁尾不会特别好,可以有时间调整避免飞机自旋,必须大于第一个值。

③ Critical:最低油门,定速值必须大于此值。

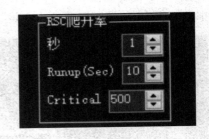

图 6-33　RSC 爬升率

5. 悬停水平调整

飞机左右姿态受到尾舵影响,可能出现左右一定的倾斜角度,为了使其平衡,飞控中有一个参数弥补,调整直升机安装页面的 HoverRoll(ACT_HOVR_ROL_TRM)即可,如图 6-34 所示。

① 当主旋翼顺时针旋转时,正值代表右 Roll 的补偿,3.5 代表 3.5°。

② 当主旋翼逆时针旋转时,负值代表左 Roll 的补偿,-3.5 代表 3.5°。

③ 先校准好飞控水平,调整好十字盘的水平,之后悬停,查看飞机倾斜角度,输入倾斜至补偿倾斜。若修改后还是倾斜,查看十字盘或者飞控安装是否水平。

6. 加速度计校准

准备一个六面平整,边角整齐的方形硬纸盒,之后执行六个动作,每次完成后单击确认键。

① Place vehicle level and press any key,水平放置,指针朝前完成后按回车键保存。

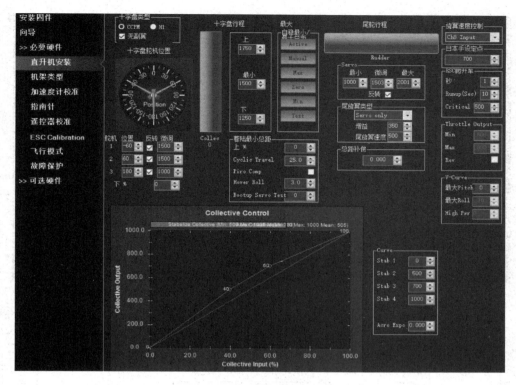

图 6-34　悬停水平调整

② Place vehicle on its LEFT side and press any key，向左边放置，沿着飞控的箭头图标，向左转 90°，完成后按回车键保存。

③ Place vehicle on its RIGHT side and press any key，向右边放置，沿着飞控箭头图标，向右旋转 90°，完成后按回车键保存。

④ Place vehicle nose DOWN and press any key，向下放置，飞控箭头朝下，完成后按回车键确认。

⑤ Place vehicle nose UP and press any key，向上放置，飞控箭头朝上，完成后按回车键确认。

⑥ Place vehicle on its BACK and press any key 向后放置，飞控正面朝下，保持箭头向前，完成后按回车键确认。

7. 罗盘校准

罗盘校准如图 6-35 所示。罗盘校准有两种情况：

① 带罗盘的 GPS 模块，使用外置和内置罗盘。

② 不带 GPS，使用内置罗盘。

指南针♯1 添加外部安装和方向选择框，此时指南针♯1 就是外置罗盘（GPS）上的罗盘，指南针♯2 就是飞控内置罗盘。当 GPS 安装方向与飞控安装方向一致时，无需任何操作，方向默认为 None；当 GPS 安装方向不一致时需要选择对应的方向，单击"开始"按钮，转动飞控与 GPS。转动方向如图 6-36 所示。

在转的过程中，系统会不断记录磁罗盘的采集数据，进度条右边的百分数会不断变化。如

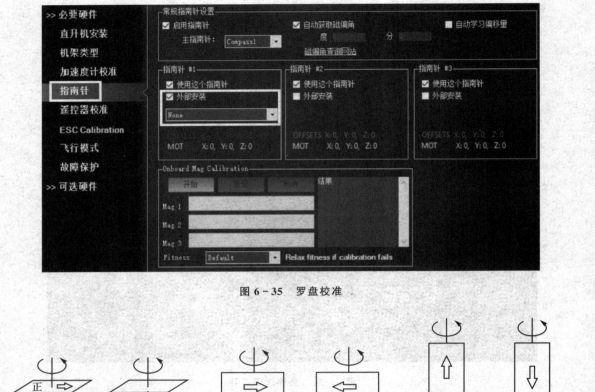

图 6-35 罗盘校准

正面向上旋一周 正面向下旋一周 左边向上旋一周 右边向下旋一周 头朝上旋转一周 头朝下旋转一周

(a) (b) (c)

图 6-36 飞控、GPS 转动方向

果数据没有变化,检查罗盘是否正确连接或罗盘芯片、硬件是否正常。进度条完成之后,会出现一个提示框,如图 6-37 所示,单击 OK,重启通电即可。

8. 遥控器校准

以市面上常见的遥控器(乐迪 AT9S)为例。

(1)进行遥控器与接收机对码连接

首先进行遥控器与接收机对码连接(在舵机齿轮调平时已经对好频),将飞控连接到电脑,选择合适的 COM 口和波特率(115 200),完毕之后进行如下操作:

① 新建模型,如图 6-38 所示(我们要选用多旋翼模型而不是直升机)。首先打开遥控器电源开关,双击 Mode 键,选择机型选择,单击 Push 键确认。

② 进入机型选择页面后,将光标移动至机型上选择多旋翼模型并按 Push 键 1 s,如图 6-39 所示。

(2)油门反向

油门反向如图 6-40 所示,长按 Mode 键 1 s 选择舵机相位,将光标移动至油门,单击 Push 键,改成反向时,长按 Push 键 1 s 即可,遥控设置完毕。

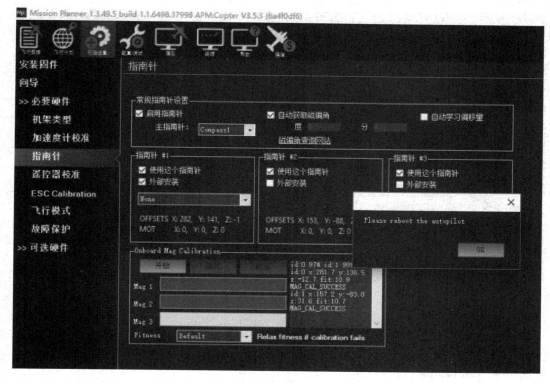

图 6 - 37　磁罗盘校准完毕

【机型选择】

'PUSH' 1秒钟

复位：执行

机型： 多旋翼模型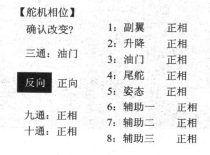

横滚微调：打开

油门微调：打开

俯仰微调：打开

图 6 - 39　机型选择

【基础菜单】

<直升机类型　　　　　Model-001>

系统设置	双重比率指数	定时器
模型选择	油门关闭	教练功能
机型选择	倾斜盘比率	逻辑关系
舵机行程量	微调步阶量	舵量显示
中立微调	失控保护	回传信息
舵机相位	辅助通道	

图 6 - 38　新建模型

①　完成遥控器的设置之后回到调参软件中，单击遥控器校准→校准遥控器，单击 OK 开始拨动遥控器开关，使每个通道的红线提示移动到上下限的位置，如图 6 - 41 所示。

②　当每个通道的红色指示条移动到上下限的位置时，单击完成，电机保存校准。在拨动开关的同时，检查每个通道是否对应遥控器的控制变化：

通道 1：低＝roll 向左，高＝roll 向右。

通道 2：低＝pitch 向前，高＝pitch 向后。

【舵机相位】

确认改变？	1：副翼	正相
三通：油门	2：升降	正相
	3：油门	正相
反向　正向	4：尾舵	正相
	5：姿态	正相
九通：正相	6：辅助一	正相
十通：正相	7：辅助二	正相
	8：辅助三	正相

图 6 - 40　舵机相位

图 6-41 遥控器校准

通道 3：低＝Throttl 关，高＝Throttl 加。

通道 4：低＝yaw 向左，高＝yaw 向右。

9. ESC Calibration（电调校准）

通过电调校准，可以与遥控器遥感行程量同步，感知遥控器遥感行程量的最大值和最小值。遥控器开机将油门推到最高位置，给电调上电（在上电之前要把直升机的旋翼拆下来），在上电之后，我们会听到校准电调的提示音（不同电调的提示音不同），电调校准模式提示音响起后断电，油门遥感依然保持最高位置，再次给电调供电，听到电调校准提示音完成后，将油门迅速拉到最低，待电调提示音完成后，电调校准完毕，此时可以适当推动油门（在没有旋翼的情况下）。

10. 飞行模式

一般在设置飞行模式时，第一个要设置自稳，其余五个模式根据自己的需要设置，如图 6-42 所示。在设置遥控器通道开关时，最好确保开关可以随时切到自稳模式，这样方便后续的飞行测试。

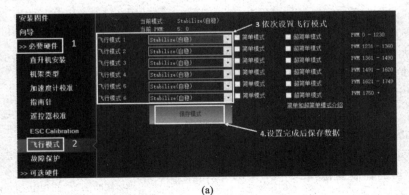

(a) (b)

图 6-42 飞行模式设置

遥控器设置模式如下：

长按 Mode 键 1 s 进入进出菜单,再短按 Mode 键进入高级菜单,电机姿态模式选择确认,如图 6 - 43 所示。

【高级菜单】
<多旋翼模型   Model-001>
姿态选择
油门曲线
可编程混控

(a)

【姿态选择】
通道:CH5 -rate-	三段:SwC -posi-	二段:NUL -swt-
手动: 0%	(UP-UP)	(打开)
姿态: 50%	(CT-UP)	(关闭)
导航: 100%	(DN-UP)	(关闭)
悬停: 25%	(UP-DN)	(关闭)
反航: 75%	(CT-DN)	(关闭)
辅助: 50%	(DN-DN)	(关闭)

(b)

图 6 - 43　遥控器设置模式

可以在地面站上看到当前的开关挡位(SwC 开关)的 PWM 值,然后把 PWM 值调到对应模式范围内,建议取中间值。当前模式在打开状态下才能看到对应的 PWM 值,所以需要拨动开关到对应的挡位才能准确调整 PWM 比例。

11. PID 调整

需要使用日志功能,插入内存卡后使用。

(1) 调整 VFF(前馈补偿)

具体对应三个轴的参数为 ATC_RAT_VFF,ATC_RAT_PIT_VFF,ATC_RAT_YAW_VFF;补偿舵机反应慢,连杆长度带来的反应问题,对于有副翼一般大于 0.22,无副翼一般小于 0.22,具体可以根据实际测试修改。

首先设置 Roll 和 Pitch 两个周,设置对应的 ATC_RAT_VFF 和 ATC_RAT_PIT_VFF 为 0.15,对应的 Roll 和 Pitch 的 PID 先调整到最小,如图 6 - 44 所示。

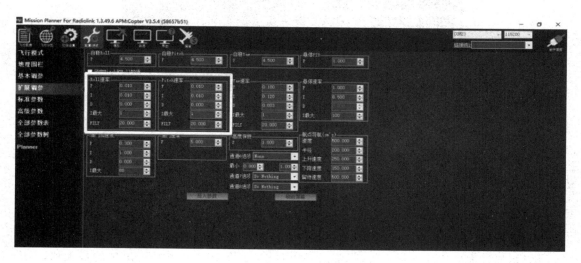

图 6 - 44　Roll 和 Pitch 调整位置

　　然后测试在自稳飞行下,进行一些快速的俯仰和横滚操作,之后降落。导出日志,打开日志查看 RATE,如图 6-45 所示。

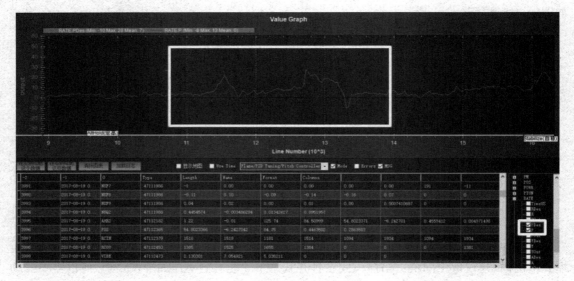

图 6-45　日志查看

　　如果 RATE. PDes 大于 RATE. P,则需要增大对应的 ATC_RAT_PIT_VFF 值,反之降低;直到两者峰值相似,且跟随。

　　(2)调整 D

　　先从 Roll 调整,初始值设置从 0.001 开始每次增加 0.001,直到出现左右抖动时,将此时的值减小,一般作为最后确定值,Pitch 值与 Roll 一致,如图 6-46 所示。

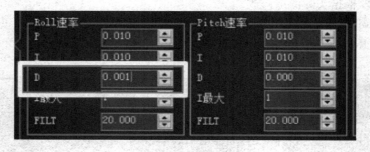

图 6-46　Roll 调整

　　(3)调整 P

　　先调整 Roll 的 P,每次增加 0.01,直到出现左右摇动时,取此值的一半作为最终确认值,Pitch 采取一样的值,如图 6-47 所示。

　　(4)调整 I 和 I 最大

　　I 设置与对应的 VFF 一致,Roll I=ACT_RAT_RLL_VFF;Pitch I=ACT_RAT_PIT_VFF。提前打开日志的 PID 记录功能,如图 6-48 所示。

　　随后,以最大的速度飞行一次,降落后导出日志,查看 PID 的 P 中 I 出现的最大值,Imax 设置比这个值大于 0.1 即可,如图 6-49 所示。

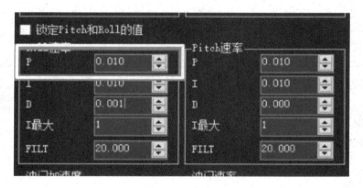

图 6 - 47　P 调整

图 6 - 48　PID 记录

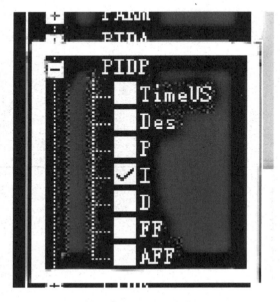

图 6 - 49　Imax 设置

项目核验

	项目核验单						
班级		姓 名		学 号		日 期	

一、相关知识

1. 简述无人直升机结构及各部分的组成。

2. 简述无人直升机调试流程及各步骤的注意事项。

二、操作内容

以 ALIGN 450L 直升机为例进行对各部分的装配及调试训练，并详细记录装配及调试过程及注意事项。

三、评价反馈

1. 自我评价

2. 学生建议

成绩评定		教 师	

参考文献

[1] 杨华宝. 飞行原理与构造[M]. 西安:西北工业大学出版社,2016.

[2] 林庆峰. 多旋翼无人飞行器嵌入式飞控开发指南[M]. 北京:清华大学出版社,2007.

[3] 吴森堂. 飞行控制系统[M]. 北京:北京航空航天大学出版社,2013.

[4] 孙毅. 无人机驾驶员航空知识手册[M]. 北京:中国民航出版社,2014.

[5] 邢琳琳. 飞行原理[M]. 北京:北京航空航天大学出版社,2016.

[6] 徐华舫. 空气动力学基础[M]. 北京:国防工业出版社,1979.

[7] 谢辉,王力,张琳. 一种适用于中小型无人机的新型螺旋桨设计[J].航空工程进展,
2015,6(1):172-176.

[8] 贾玉红. 航空航天概论[M]. 3 版. 北京:北京航空航天大学出版社,2013.

[9] 王永虎. 直升机飞行原理[M]. 成都:西南交通大学出版社,2017.

[10] 王宝昌. 无人机航拍技术[M]. 西安:西北工业大学出版社,2016.

[11] 贾恒旦. 无人机技术概论[M]. 北京:机械工业出版社,2018.

[12] 马辉,袁建平,方群. 吸气式高超声速飞行器动力学特性分析[J].宇航学报,2007,
28(5):1 100-1 104.